GEORG CANTOR: HIS MATHEMATICS AND PHILOSOPHY OF THE INFINITE

康托尔的无穷的数学和哲学

[美]周·道本◎著

郑毓信 刘晓力◎编译

SCIENCE & HUMANITIES

03

数学科学文化理念传播丛书
（第一辑）

大连理工大学出版社
Dalian University of Technology Press

图书在版编目（CIP）数据

康托尔的无穷的数学和哲学／（美）周·道本
（Darben J. W.）著；郑毓信，刘晓力编译. --大连：
大连理工大学出版社，2023.1
（数学科学文化理念传播丛书. 第一辑）
ISBN 978-7-5685-4099-5

Ⅰ. ①康… Ⅱ. ①周… ②郑… ③刘… Ⅲ. ①集论—
研究②数学哲学—研究 Ⅳ. ①O144②O1-0

中国国家版本馆 CIP 数据核字（2023）第 003583 号

康托尔的无穷的数学和哲学
KANGTUOER DE WUQIONG DE SHUXUE HE ZHEXUE

大连理工大学出版社出版
地址：大连市软件园路 80 号　邮政编码：116023
发行：0411-84708842　邮购：0411-84708943　传真：0411-84701466
E-mail：dutp@dutp.cn　　URL：https://www.dutp.cn
辽宁新华印务有限公司印刷　　　　大连理工大学出版社发行

幅面尺寸：185mm×260mm　　印张：8.75　　字数：139 千字
2023 年 1 月第 1 版　　　　　　2023 年 1 月第 1 次印刷

责任编辑：王　伟　　　　　　　　责任校对：周　欢
　　　　　　封面设计：冀贵收

ISBN 978-7-5685-4099-5　　　　　　　定价：69.00 元

本书如有印装质量问题，请与我社发行部联系更换。

数学科学文化理念传播丛书·第一辑

编 写 委 员 会

丛书顾问 周·道本　王梓坤
　　　　　 胡国定　钟万勰　严士健
丛书主编 徐利治
执行主编 朱梧槚
委　　员（按姓氏笔画排序）
　　　　　 王　前　王光明　冯克勤　杜国平
　　　　　 李文林　肖奚安　罗增儒　郑毓信
　　　　　 徐沥泉　涂文豹　萧文强

总　序

一、数学科学的含义及其
在学科分类中的定位

　　20 世纪 50 年代初,我曾就读于东北人民大学(现吉林大学)数学系,记得在二年级时,有两位老师[①]在课堂上不止一次地对大家说:"数学是科学中的女王,而哲学是女王中的女王."

　　对于一个初涉高等学府的学子来说,很难认知其言真谛.当时只是朦胧地认为,大概是指学习数学这一学科非常值得,也非常重要.或者说与其他学科相比,数学可能是一门更加了不起的学科.到了高年级时,我开始慢慢意识到,数学与那些研究特殊的物质运动形态的学科(诸如物理、化学和生物等)相比,似乎真的不在同一个层面上.因为数学的内容和方法不仅要渗透到其他任何一个学科中去,而且要是真的没有了数学,则无法想象其他任何学科的存在和发展了.后来我终于知道了这样一件事,那就是美国学者道恩斯(Douenss)教授,曾从文艺复兴时期到 20 世纪中叶所出版的浩瀚书海中,精选了16 部名著,并称其为"改变世界的书".在这 16 部著作中,直接运用了数学工具的著作就有 10 部,其中有 5 部是属于自然科学范畴的,它们分别是:

　　(1) 哥白尼(Copernicus)的《天体运行》(1543 年);

　　(2) 哈维(Harvery)的《血液循环》(1628 年);

　　(3) 牛顿(Newton)的《自然哲学之数学原理》(1729 年);

　　(4) 达尔文(Darwin)的《物种起源》(1859 年);

---

　　①　此处的"两位老师"指的是著名数学家徐利治先生和著名数学家、计算机科学家王湘浩先生.当年徐利治先生正为我们开设"变分法"和"数学分析方法及例题选讲"课程,而王湘浩先生正为我们讲授"近世代数"和"高等几何".

(5) 爱因斯坦(Einstein)的《相对论原理》(1916 年).

另外 5 部是属于社会科学范畴的,它们是:

(6) 潘恩(Paine)的《常识》(1760 年);

(7) 史密斯(Smith)的《国富论》(1776 年);

(8) 马尔萨斯(Malthus)的《人口论》(1789 年);

(9) 马克思(Max)的《资本论》(1867 年);

(10) 马汉(Mahan)的《论制海权》(1867 年).

在道恩斯所精选的 16 部名著中,若论直接或间接地运用数学工具的,则无一例外. 由此可以毫不夸张地说,数学乃是一切科学的基础、工具和精髓.

至此似已充分说明了如下事实:数学不能与物理、化学、生物、经济或地理等学科在同一层面上并列. 特别是近 30 年来,先不说分支繁多的纯粹数学的发展之快,仅就顺应时代潮流而出现的计算数学、应用数学、统计数学、经济数学、生物数学、数学物理、计算物理、地质数学、计算机数学等如雨后春笋般地产生、存在和发展的事实,就已经使人们去重新思考过去那种将数学与物理、化学等学科并列在一个层面上的学科分类法的不妥之处了. 这也是多年以来,人们之所以广泛采纳"数学科学"这个名词的现实背景.

当然,我们还要进一步从数学之本质内涵上去弄明白上文所说之学科分类上所存在的问题,也只有这样才能使我们在理性层面上对"数学科学"的含义达成共识.

当前,数学被定义为从量的侧面去探索和研究客观世界的一门学问. 对于数学的这样一种定义方式,目前已被学术界广泛接受. 至于有如形式主义学派将数学定义为形式系统的科学,更有如形式主义者柯亨(Cohen)视数学为一种纯粹的在纸上的符号游戏,以及数学基础之其他流派所给出之诸如此类的数学定义,可谓均已进入历史博物馆,在当今学术界,充其量只能代表极少数专家学者之个人见解. 既然大家公认数学是从量的侧面去探索和研究客观世界,而客观世界中任何事物或对象又都是质与量的对立统一,因此没有量的侧面的事物或对象是不存在的. 如此从数学之定义或数学之本质内涵出发,就必然导致数学与客观世界中的一切事物之存在和发展密切相关. 同时也决定了数学这一研究领域有其独特的普遍性、抽象性和应用上的极端广泛性, 从而数学也就在更抽象的层面上与任何特殊的物质运动形式息息相关. 由此可见, 数学与其他任何研究特殊的物质运动形态的学科相比, 要高出一个层面. 在此或许可以认为, 这也就是本人少时所闻之"数学是科学中的女王"一语的某种肤浅的理解.

再说哲学乃是从自然、社会和思维三大领域, 即从整个客观世界的存在及其存在方式中去探索科学世界之最普遍的规律性的学问, 因而哲学是关于整个客观世界的根本性观点的体系, 也是自然知识和社会知识的最高概括和总结. 因此哲学又要比数学高出一个层面.

这样一来, 学科分类之体系结构似应如下图所示:

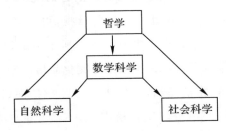

如上直观示意图的最大优点是凸显了数学在科学中的女王地位, 但也有矫枉过正与骤升两个层面之嫌. 因此, 也可将学科分类体系结构示意图改为下图所示:

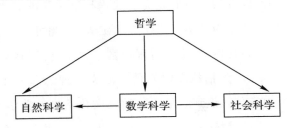

如上示意图则在于明确显示了数学科学居中且与自然科学和社会科学相并列的地位, 从而否定了过去那种将数学与物理、化学、生物、经济等学科相并列的病态学科分类法. 至于数学在科学中之"女王"地位, 就只能从居中角度去隐约认知了. 关于学科分类体系结构之如上两个直观示意图, 究竟哪一个更合理, 在这里就不多议了, 因为少时耳闻之先入为主, 往往会使一个人的思维方式发生偏差, 因此

留给本丛书的广大读者和同行专家去置评.

二、数学科学文化理念与文化
素质原则的内涵及价值

数学有两种品格,其一是工具品格,其二是文化品格.对于数学之工具品格而言,在此不必多议.由于数学在应用上的极端广泛性,因而在人类社会发展中,那种挥之不去的短期效益思维模式必然导致数学之工具品格愈来愈突出和愈来愈受到重视.特别是在实用主义观点日益强化的思潮中,更会进一步向数学纯粹工具论的观点倾斜,所以数学之工具品格是不会被人们淡忘的.相反地,数学之另一种更为重要的文化品格,却已面临被人淡忘的境况.至少数学之文化品格在今天已不为广大教育工作者所重视,更不为广大受教育者所知,几乎到了只有少数数学哲学专家才有所了解的地步.因此我们必须古识重提,并且认真议论一番数学之文化品格问题.

所谓古识重提指的是:古希腊大哲学家柏拉图(Plato)曾经创办了一所哲学学校,并在校门口张榜声明,不懂几何学的人,不要进入他的学校就读.这并不是因为学校所设置的课程需要几何知识基础才能学习,相反地,柏拉图哲学学校里所设置的课程都是关于社会学、政治学和伦理学一类课程,所探讨的问题也都是关于社会、政治和道德方面的问题.因此,诸如此类的课程与论题并不需要直接以几何知识或几何定理作为其学习或研究的工具.由此可见,柏拉图要求他的弟子先行通晓几何学,绝非着眼于数学之工具品格,而是立足于数学之文化品格.因为柏拉图深知数学之文化理念和文化素质原则的重要意义.他充分认识到立足于数学之文化品格的数学训练,对于陶冶一个人的情操,锻炼一个人的思维能力,直至提升一个人的综合素质水平,都有非凡的功效.所以柏拉图认为,不经过严格数学训练的人是难以深入讨论他所设置的课程和议题的.

前文指出,数学之文化品格已被人们淡忘,那么上述柏拉图立足于数学之文化品格的高智慧故事,是否也被人们彻底淡忘甚或摒弃了呢?这倒并非如此.在当今社会,仍有高智慧的有识之士,在某些高等学府的教学计划中,深入贯彻上述柏拉图的高智慧古识.列举两个典型示例如下：

例1，大家知道，从事律师职业的人在英国社会中颇受尊重．据悉，英国律师在大学里要修毕多门高等数学课程，这既不是因为英国的法律条文一定要用微积分去计算，也不是因为英国的法律课程要以高深的数学知识为基础，而只是出于这样一种认识，那就是只有通过严格的数学训练，才能使之具有坚定不移而又客观公正的品格，并使之形成一种严格而精确的思维习惯，从而对他取得事业的成功大有益助．这就是说，他们充分认识到数学的学习与训练，绝非实用主义的单纯传授知识，而深知数学之文化理念和文化素质原则，在造就一流人才中的决定性作用．

例2，闻名世界的美国西点军校建校超过两个世纪，培养了大批高级军事指挥员，许多美国名将也毕业于西点军校．在该校的教学计划中，学员除了要选修一些在实战中能发挥重要作用的数学课程（如运筹学、优化技术和可靠性方法等）之外，还要必修多门与实战不能直接挂钩的高深的数学课．据我所知，本丛书主编徐利治先生多年前访美时，西点军校研究生院曾两次邀请他去做"数学方法论"方面的讲演．西点军校之所以要学员必修这些数学课程，当然也是立足于数学之文化品格．也就是说，他们充分认识到，只有经过严格的数学训练，才能使学员在军事行动中，把那种特殊的活力与高度的灵活性互相结合起来，才能使学员具有把握军事行动的能力和适应性，从而为他们驰骋疆场打下坚实的基础．

然而总体来说，如上述及的学生或学员，当他们后来真正成为哲学大师、著名律师或运筹帷幄的将帅时，早已把学生时代所学到的那些非实用性的数学知识忘得一干二净．但那种铭刻于头脑中的数学精神和数学文化理念，仍会长期地在他们的事业中发挥着重要作用．亦就是说，他们当年所受到的数学训练，一直会在他们的生存方式和思维方式中潜在地起着根本性的作用，并且受用终身．这就是数学之文化品格、文化理念与文化素质原则之深远意义和至高的价值所在．

三、"数学科学文化理念传播丛书" 出版的意义与价值

有现象表明，教育界和学术界的某些思维方式正深陷于纯粹实

用主义的泥潭,而且急功近利、短平快的病态心理正在病入膏肓.因此,推出一套旨在倡导和重视数学之文化品格、文化理念和文化素质的丛书,一定会在扫除纯粹实用主义和诊治急功近利病态心理的过程中起到一定的作用,这就是出版本丛书的意义和价值所在.

那么究竟哪些现象足以说明纯粹实用主义思想已经很严重了呢?详细地回答这一问题,至少可以写出一本小册子来.在此只能举例一二,点到为止.

现在计算机专业的大学一、二年级学生,普遍不愿意学习逻辑演算与集合论课程,认为相关内容与计算机专业没有什么用.那么我们的教育管理部门和相关专业人士又是如何认知的呢?据我所知,南京大学早年不仅要给计算机专业本科生开设这两门课程,而且要开设递归论和模型论课程.然而随着思维模式的不断转移,不仅递归论和模型论早已停开,逻辑演算与集合论课程的学时也在逐步缩减.现在国内坚持开设这两门课的高校已经很少了,大部分高校只在离散数学课程中给学生讲很少一点逻辑演算与集合论知识.其实,相关知识对于培养计算机专业的高科技人才来说是至关重要的,即使不谈这是最起码的专业文化素养,难道不明白我们所学之程序设计语言是靠逻辑设计出来的?而且柯特(Codd)博士创立关系数据库,以及施瓦兹(Schwartz)教授开发的集合论程序设计语言 SETL,可谓全都依靠数理逻辑与集合论知识的积累.但很少有专业教师能从历史的角度并依此为例去教育学生,甚至还有极个别的专家教授,竟然主张把"计算机科学理论"这门硕士研究生学位课取消,认为这门课相对于毕业后去公司就业的学生太空洞,这真是令人瞠目结舌.特别是对于那些初涉高等学府的学子来说,其严重性更在于他们的知识水平还不了解什么有用或什么无用的情况下,就在大言这些有用或那些无用的实用主义想法.好像在他们的思想深处根本不知道高等学府是培养高科技人才的基地,竟把高等学府视为专门培训录入、操作与编程等技工的学校.因此必须让教育者和受教育者明白,用多少学多少的教学模式只能适用于某种技能的培训,对于培养高科技人才来说,此类纯粹实用主义的教学模式是十分可悲的.不仅误人子弟,而且任其误入歧途继续陷落下去,必将直接危害国家和社会的发展前程.

另外,现在有些现象甚至某些评审规定,所反映出来的心态和思潮就是短平快和急功近利,这样的软环境对于原创性研究人才的培养弊多利少.杨福家院士说:[①]

"费马大定理是数学上一大难题,360 多年都没有人解决,现在一位英国数学家解决了,他花了 9 年时间解决了,其间没有写过一篇论文.我们现在的规章制度能允许一个人 9 年不出文章吗?

"要拿诺贝尔奖,都要攻克很难的问题,不是灵机一动就能出来的,不是短平快和急功近利就能够解决问题的,这是异常艰苦的长期劳动."

据悉,居里夫人一生只发表了 7 篇文章,却两次获得诺贝尔奖.现在晋升副教授职称,都要求在一定年限内,在一定级别杂志上发表一定数量的文章,还要求有什么奖之类的,在这样的软环境里,按照居里夫人一生中发表文章的数量计算,岂不只能当个老讲师?

清华大学是我国著名的高等学府,1952 年,全国高校进行院系调整,在调整中清华大学变成了工科大学.直到改革开放后,清华大学才开始恢复理科并重建文科.我国各层领导开始认识到世界一流大学均以知识创新为本,并立足于综合、研究和开放,从而开始重视发展文理科.11 年前,清华人立志要奠定世界一流大学的基础,为此而成立清华高等研究中心.经周光召院士推荐,并征得杨振宁先生同意,聘请美国纽约州立大学石溪分校聂华桐教授出任高等中心主任.5 年后接受上海《科学》杂志编辑采访,面对清华大学软环境建设和我国人才环境的现状,聂华桐先生明确指出[②]:

"中国现在推动基础学科的一些办法,我的感觉是失之于心太急.出一流成果,靠的是人,不是百年树人吗?培养一流科技人才,即使不需百年,却也绝不是短短几年就能完成的.现行的一些奖励、评审办法急功近利,凑篇数和追指标的风气,绝不是真心献身科学者之福,也不是达到一流境界的灵方.一个作家,您能说他发表成百上千

---

① 王德仁等,杨福家院士"一吐为快——中国教育 5 问",扬子晚报,2001 年 10 月 11 日 A8 版.
② 刘冬梅,营造有利于基础科技人才成长的环境——访清华大学高等研究中心主任聂华桐,科学,Vol. 154,No. 5,2002 年.

篇作品,就能称得上是伟大文学家了吗? 画家也是一样,真正的杰出画家也只凭少数有创意的作品奠定他们的地位.文学家、艺术家和科学家都一样,质是关键,而不是量.

"创造有利于学术发展的软环境,这是发展成为一流大学的当务之急."

面对那些急功近利和短平快的不良心态及思潮,前述杨福家院士和聂华桐先生的一番论述,可谓十分切中时弊,也十分切合实际.

大连理工大学出版社能在审时度势的前提下,毅然决定立足于数学文化品格编辑出版"数学科学文化理念传播丛书",不仅意义重大,而且胆识非凡.特别是大连理工大学出版社的刘新彦和梁锋等不辞辛劳地为丛书的出版而奔忙,实是智慧之举.还有 88 岁高龄的著名数学家徐利治先生依然思维敏捷,不仅大力支持丛书的出版,而且出任丛书主编,并为此而费神思考和指导工作,由此而充分显示徐利治先生在治学领域的奉献精神和远见卓识.

序言中有些内容取材于"数学科学与现代文明"①一文,但对文字结构做了调整,文字内容做了补充,对文字表达也做了改写.

朱梧槚

2008 年 4 月 6 日于南京

---

① 1996 年 10 月,南京航空航天大学校庆期间,名誉校长钱伟长先生应邀出席庆典,理学院名誉院长徐利治先生应邀在理学院讲学,老友朱剑英先生时任校长,他虽为著名的机械电子工程专家,但从小喜爱数学,曾通读《古今数学思想》巨著,而且精通模糊数学,又是将模糊数学应用于多变量生产过程控制的第一人.校庆期间钱伟长先生约请大家通力合作,撰写《数学科学与现代文明》一文,并发表在上海大学主办的《自然杂志》上.当时我们就觉得这个题目分量很重,要写好这个题目并非轻而易举之事.因此,徐利治、朱剑英、朱梧槚曾多次在一起研讨此事,分头查找相关文献,并列出提纲细节,最后由朱梧槚执笔撰写,并在撰写过程中,不定期会面讨论和修改补充,终于完稿,由徐利治、朱剑英、朱梧槚共同署名,分为上、下两篇,作为特约专稿送交《自然杂志》编辑部,先后发表在《自然杂志》1997,19(1):5-10 与 1997,19(2):65-71.

原作者的话

　　我愿在此向郑毓信、刘晓力两位老师及出版社的有关各位表示诚挚的谢意,正是由于他们的辛勤劳动,本书才得以与广大有兴趣于科学史和科学哲学的中国读者见面.

　　在此,我还愿意提及在美国的两位中国朋友:纽约大学的苏时和麻省理工学院的徐甄.他们不仅热情地帮助我学习中文,而且使我在中国悠久的历史及其灿烂的文化等方面受到了很大的教益.对此特表示深切的谢意.

周·道本

（Joseph Dauben）

1988 年 1 月于伦敦

引　言

乔治·康托尔（Georg Cantor，1845—1918 年）——超穷集合论的创立者，是数学史上最富于想象力，也是最有争议的人物之一. 19世纪末他所从事的关于连续性和无穷的研究从根本上背离了数学中关于无穷的使用和解释的传统，从而引起了激烈的争论乃至严厉的谴责. 德国数学家克隆内克（Leopold Kronecker）把康托尔看成科学的骗子、叛徒；罗素（Bertrand Russell）则认为他是 19 世纪最伟大的学者之一；希尔伯特（David Hilbert）认为康托尔为数学家建造了一个新乐园；而其他一些人，特别是庞加莱（Henri Poincaré）却认为集合论以及康托尔的超穷数理论代表数学发展史中的一场"疾病". 超穷集合论的创立最终使数学家依据对于数学性质的一般观点，以及对于无穷的特殊见解分裂成为敌对的阵营，多少年来，康托尔的名字就意味着论战和对立.

像历史上一切有争议的人物一样，康托尔常常被误解，不仅被同时代的人，也被后来的传记作家和历史学家误解，特别是关于他的个性和精神分裂症更流传着一些神话. 值得庆幸的是，一些新发现的材料使得有可能以一种更为精确的方式对康托尔精神病症的性质及其影响重新做出评价，并使之与他的经历和智力发展过程相一致. 事实上，狂郁症（manic depression）对于康托尔关于超穷集合论性质的解释始终有着十分重要的影响.

就上述的研究而言，康托尔与其同时代的数学家之间的通信是特别重要的. 尽管这些信件的底稿已大部分流失，但寄出的一些信件原稿还可在各种档案及私人收藏中找到. 特别幸运的是，在康托尔学术生涯的每一重要时期，都至少有一位数学家（通常只有一位）受到他的信赖,在与他们的通信中,康托尔对自己的工作做了详尽的介绍.

康托尔对于友谊的态度无疑可以从一个侧面反映他的个性.他对朋友的感情往往是强烈的,而相对来讲却又是短暂的.例如,尽管1870年年初,来往信件表明许瓦尔兹(H. A. Schwarz)曾给予康托尔许多鼓励和帮助,甚至包括提供一些基本方法,康托尔曾成功地将此应用于三角级数的早期研究中,但他们的友谊却未能持久.从1872年至1879年康托尔给狄特金(Dedekind)的信中,我们可以看出,狄特金堪称康托尔在那个时期的良师益友,但后来这种友谊却因为康托尔对狄特金拒绝接受哈勒(Halle)大学的位置感到不满而中止了.在此之后得到康托尔信任的是瑞典数学家米塔格-莱夫勒(Mitag-Leffler),他是最早对康托尔集合论产生兴趣的数学家之一,因为他发现康托尔的工作对于他自己的研究有着重要意义.作为《数学学报》(*Acta Mathematica*)的主编,米塔格-莱夫勒尽力帮助康托尔,并通过译文将康托尔的工作介绍到国外,这些对于超穷集合论的发展都是十分重要的.但即使如此重要的关系也未能维持长久.1887年,由于米塔格-莱夫勒认为时机不够成熟而建议康托尔不要发表他的关于序型的一般理论的文章,康托尔结束了两人之间的学术合作,并拒绝在《数学学报》上发表任何文章.康托尔最后一部重要著作《超穷数论的奠基性贡献》(*Beiträige Zur Begründungder transfiniten Mengenlehre*)(以下简称《贡献》)是由数学家克莱因(Felix Klein)发表的,他当时是《数学年鉴》(*Mathematische Annalen*)的主编.康托尔写给克莱因的信件,对于正确评价《贡献》发表前这一对于康托尔来说特别重要的时期中有关数学和哲学的发展是非常有价值的.

至今,对康托尔生平和著作的研究大都未能超出阿道夫·弗兰克尔(Adolf Fraenkel)于1930年写的长篇悼念文章的范围.在这方面仅有两个重要的例外,笔者从他俩的工作中得益匪浅.

一是赫伯特·迈斯考沃斯基(Herbert Meschkowski)于1967年发表的《无穷问题:康托尔的一生》(*Probleme des Unendlichen:Werk und Leben Georg Cantor's*),这是自弗兰克尔以后关于康托尔生平和工作最深入的研究.另一个则是其后不久格拉顿-盖纳斯(lvor Grattan-

Guinness)关于康托尔一篇未为人知的手稿的发现及其《关于康托尔的一生》(*Towards a Biography of Georg Cantor*)的发表.

康托尔的头脑极富创造性,他那富于挑战性的思想对于现代数学史有着极其深刻的影响.事实上,任何对科学思想史有兴趣的人,都可把康托尔集合论的发展作为缩影来研究对科学具有重要意义的新思想的产生和发展问题.康托尔的工作在很多方面都是具有典型意义的,数学无穷的革命几乎是由他一个人在相当长的一个历史时期内独立完成的.对他工作的反对不仅来自数学家,而且也来自哲学家和神学家,而这种反对最终又被全新的理论和新的研究领域所完全取代.

文艺复兴时期的思想家由亚里士多德(Aristotle)学说的封闭宇宙前进到哥白尼(N. Copernicus)以后的无限丰富的世界是一次艰难的甚至是痛苦的转变,这对西方思想史的影响是极其深远的.康托尔集合论的发展,尽管发生在另一时间和空间,但两者却是十分相似的.那些致力于由封闭的数学王国走向无限广阔的数学世界的近代数学家,虽说并没有遭遇到火刑的厄运,康托尔却同样经受了同时代人严厉的审查和批判.

应当指出的是,尽管本书集中于康托尔的数学,特别是他的集合论和超穷数理论创立的背景、发生和发展的考察上,但这既不是一部传记,也不是某一思想的历史,这里并不打算只是列出一张关于人名、时间和数学定理的清单,而试图记录一个不平凡的智力活动的主脉,并在某种程度上做出一些心理动力学的分析,以此表明一个新理论如何产生,为什么会产生,它所面临的问题,以及最终为什么会演变成为科学理论体系的一部分.此外,本书也是对一位伟大数学家的赞颂,正是凭借他的丰富想象力,超穷集合论才得以创立,这位数学家就是:乔治·康托尔.

周·道本

目　录

一　分析中的序曲　/1

二　康托尔集合论的起源　/8

三　可数和维数　/19

四　康托尔关于点集的早期理论　/28

五　康托尔《集合论基础》中的数学　/35

六　康托尔的无穷的哲学　/45

七　从《集合论基础》到《超穷数论的奠基性贡献》　/57

八　《超穷数论的奠基性贡献》的第Ⅰ部分：良序集的研究　/68

九　《超穷数论的奠基性贡献》的第Ⅱ部分：良序集的研究　/78

十　康托尔集合论的基础和哲学　/88

十一　悖论及集合论的进一步发展　/96

十二　康托尔的个性　/109

编译者后记　/117

人名中外文对照表　/118

数学高端科普出版书目　/119

一　分析中的序曲

　　乔治·康托尔所创立的超穷集合论是数学史上令人惊异的成就.康托尔最早的论文是 1870 年开始发表的关于三角级数方面的一系列文章.事实上,正是分析的基础激起了康托尔对点集的兴趣,并由此而发现了超穷数.集合论,至少部分是起源于黎曼(G. F. B. Riemann)等人对三角级数丰富的研究以及对不连续函数的分析.对这些函数的兴趣,引导人们以一种十分自然的方式对产生各种不连续情形的函数定义域上的点集进行特殊的考察.

　　然而,康托尔并不是第一个在探索三角级数问题时引进例外点集的人.狄利克雷(P. G. L. Dirichlet)、黎曼、利普希茨(R. O. S. Lipschitz)和汉克尔(H. Hankel)都写过这方面的论文,特别是对那些使函数不连续或收敛问题变得很困难的点的集合进行了研究.但只有康托尔在这一过程中系统发展了一般点集的理论,而且开拓了一个全新的数学研究领域.

　　1829 年,狄利克雷第一次在《克莱尔杂志》(Crelle's Journal)上发表了一篇关于傅里叶(J. B. J. Fourier)级数的论文.傅里叶在他著名的关于级数的研究中,建立了"对任意给定的函数都可以用一具有特殊类型的系数的三角级数表示"的结果,这种级数被称为傅里叶级数.这一发现扩展了数学分析研究的视野,也产生了一系列需要解决的问题.继傅里叶之后,柯西(A. L. Cauchy)急于建立更严格的傅里叶级数理论,但狄利克雷对他的结果不大满意.

　　例如,柯西在 1823 年发表了一篇文章,企图使用一种新方法处理傅里叶级数.但狄利克雷发现,尽管柯西自认为他用于判别级数收敛性的方法是成功的,但是仍有许多论证是不充分的.例如,柯西曾用一个级数的项是递减的来证明该级数是收敛的,但狄利克雷认为这是不充分的.柯西还建立了用级数的第 n 项与量 $A\dfrac{\sin x}{n}$(其中 A 是由函数的极值确定的常数)的比来判定级数收敛性的方法,但狄利克雷指出这种方法对于交错级数不适用.交错级数的特性引导狄利克雷去研究条件收敛和绝对收敛问题.收敛的傅里叶级数未必绝对收敛,收敛可以有多种形式,而绝对收敛只是其中的一种形式——正如 19 世纪的数学家认识到的.

为了建立傅里叶级数的收敛条件,狄利克雷从简单情形入手,对于 $0<h\leqslant\dfrac{\pi}{2}$,设函数 $f(\beta)$ 在 $(0,h)$ 上连续且单调递减,但又保持为正,考虑如下积分

$$\int_0^h\frac{\sin i\beta}{\sin\beta}f(\beta)\mathrm{d}\beta$$

通过假设 i 为正,他能够得出,对于 $0<g<h\leqslant\dfrac{\pi}{2}$,

$$\int_g^h f(\beta)\frac{\sin i\beta}{\sin\beta}\mathrm{d}\beta \tag{1.1}$$

当 i 趋于无穷时收敛到一个确定的极限,这个极限为 0.除非 $g=0$.这时积分收敛到 $\dfrac{\pi}{2}f(0)$.

有了这一结果,狄利克雷进一步讨论在给定的范围内,表达任意函数的傅里叶级数的收敛性.

首先考虑

$$\frac{1}{2\pi}\int\varphi(\alpha)\mathrm{d}\alpha+\frac{1}{\pi}\begin{cases}\cos x\int\varphi(\alpha)\cos\alpha\mathrm{d}\alpha+\cos2x\int\varphi(\alpha)\cos2\alpha\mathrm{d}\alpha+\cdots\\\sin x\int\varphi(\alpha)\sin\alpha\mathrm{d}\alpha+\sin2x\int\varphi(\alpha)\sin2\alpha\mathrm{d}\alpha+\cdots\end{cases} \tag{1.2}$$

写出狄利克雷部分和

$$\pi\int_{-\pi}^\pi\varphi(\alpha)\mathrm{d}\alpha\left[\frac{1}{2}+\cos(\alpha-x)+\cos(2\alpha-2x)+\cdots+\cos n(\alpha-x)\right]$$

其中心问题归结为当 n 无限增大时,积分

$$\frac{1}{\pi}\int_{-\pi}^\pi\frac{\varphi(\alpha)\sin(n+\frac{1}{2})(\alpha-x)}{2\sin\frac{1}{2}(\alpha-x)}\mathrm{d}\alpha$$

的极限如何. 引用式 (1.1) 的结论, 狄利克雷证明如上序列事实上是收敛的, 而且对于 $(-\pi, \pi)$ 中所有的 x, 收敛到 $\frac{1}{2}[\varphi(x+\varepsilon)-\varphi(x-\varepsilon)]$, 而在端点处则取值 $\frac{1}{2}[\varphi(\pi-\varepsilon)+\varphi(-\pi+\varepsilon)]$.

于是对于一个给定的函数, 只要它是连续的, 就完全可由它的傅里叶级数表示, 端点可能除外. 而在不连续点和端点 ($-\pi$ 和 π) 处, 函数仅当满足某些附加条件时才可由级数表示.

狄利克雷还给出了如下称为狄利克雷条件的结果:

如果函数 $\varphi(x)$ (假定对所有考虑的值, 函数有穷或者是确定了的) 在 $-\pi$ 到 π 范围内仅有有穷数目的不连续点, 而且极大值、极小值的数目不超过一个确定的数值, 则级数 (1.2) [其系数依赖于函数 $\varphi(x)$ 的定积分] 是收敛的, 且可表示为 $\frac{1}{2}[\varphi(x+\varepsilon)+\varphi(x-\varepsilon)]$, 其中 ε 是无穷小.

尽管上述结果表明狄利克雷在一定程度上解决了三角级数的收敛性以及可表示性的充分条件, 但狄利克雷希望探讨级数的更一般的特性, 因为他对自己给出的限制条件不是很满意. 1837 年, 他在一篇文章中解释说, 可以将函数 $f(\beta)$ 在积分限内连续、单调的条件放宽, 甚至也可允许函数有无穷间断. 1853 年, 他在给高斯的一封信中还指出如何可以允许函数的极大值、极小值的数目超过有穷. 在此过程中, 他引进了现今称为凝聚点和测度为零的集合. 狄利克雷希望这些奇点能如此分布以包含在长度可任意小的区间内. 从这一思想出发, 是可以引出有价值的推广的.

除了三角级数的研究, 狄利克雷也同黎曼等人一样, 讨论了关于函数概念的定义, 但是他所处理的函数是带有较多限制的. 他从未给出严格的、一般的函数的定义.

就可表示性的条件而言, 除了 "一般来讲连续", 即函数仅有有穷多个间断点外, 狄利克雷在 1829 年的论文中还附加了一个条件, 即对于满足 $-\pi<a<b<\pi$ 的 a, b 来讲, 总存在 r 和 $s, a<r<s<b$, 使得 $\varphi(x)$ 在 (r, s) 上连续. 正是由狄利克雷的条件出发, 黎曼开始了关于三角级数的研究.

黎曼在他的一篇论文"Habilitationsschrift"中专门讨论了函数的三角级数表达问题.黎曼准备超出狄利克雷研究的函数范围,扩展到更复杂、更有趣,而且在纯粹分析中应用更为广泛的一类函数.狄利克雷曾描述过一个在定义域内所有有理点上连续的函数,黎曼甚至能够用公式精确地表达类似的一个函数.黎曼感兴趣的是对狄利克雷关于函数的三角级数表达问题的结果作进一步推广.他研究了可表达性的必要条件,还讨论了函数可积性的范围.他希望扩展可积函数的范围以使得可用三角级数表达的函数类即使不包括所有的不连续函数,也应包括其中的一大部分.如果函数总是有穷的,黎曼给出了可积性的充分必要条件,然后又推广这一结果,允许函数在某些孤立点上是无穷的情形.但对于函数有无穷多极大值、极小值的情形,黎曼没能解决可积性问题,他的工作是不彻底的.

对于三角级数的收敛问题,狄利克雷仅仅处理了傅里叶级数,黎曼则讨论了一般的三角级数,他所使用的方法的关键点是引入一个辅助函数 $F(x)$,它成为收敛性和可表达性问题的研究重点.给定一个三角级数

$$\frac{1}{2}b_0 + \sum (a_n \sin nx + b_n \cos nx) \tag{1.3}$$

对级数两次积分得出如下形式的黎曼函数:

$$F(x) = C + C'x + A_0 \frac{x \cdot x}{2} - A_1 - \frac{A_2}{4} - \frac{A_3}{9} - \cdots$$

其中 $A_0 = \frac{1}{2}b_0$;$A_n = a_n \sin nx + b_n \cos nx$.

为了建立可表达性的必要条件,黎曼给出三个引理:

引理 1　如果级数(1.3)收敛,并且如果 α 和 β 是同阶无穷小,则

$$\frac{F(x+\alpha+\beta) - F(x+\alpha-\beta) - F(x-\alpha+\beta) + F(x-\alpha-\beta)}{4\alpha\beta}$$

与级数(1.3)收敛到同一值.

引理 2　当 α 趋于 0 时,$\dfrac{F(x+2\alpha) + F(x-2\alpha) - 2F(x)}{2\alpha}$ 也趋于 0.

引理 3　如果用 b 和 c 表示任意两个常数,用 $\lambda(x)$ 表示一个这样的函数,它的一阶导数在(b,c)之间总是连续的,且在端点处为 0,同时它的二阶导数没有无穷多个极大值、极小值,则积分

$$\mu\mu\int_b^c F(x)\cos\mu(x-\alpha)\lambda(x)\mathrm{d}x$$

随着 μ 趋于无穷而趋于 0,

在掌握了 $F(x)$ 的这些特殊性质后,黎曼专门讨论了可表达性问题,他给出如下定理:

定理 1 如果一个以 2π 为周期的函数 $f(x)$ 由一个三角级数表示,且对于所有的 x,级数的项趋于 0,则必定存在一个连续函数 $F(x)$,使得

$$\frac{F(x+\alpha+\beta)-F(x+\alpha-\beta)-F(x-\alpha+\beta)-F(x-\alpha-\beta)}{4\alpha\beta}$$

收敛到 $f(x)$,其中 α 和 β 是同阶无穷小. 进一步,如果函数 $\lambda(x)$ 和 $\lambda'(x)$ 在积分限处为 0,且 $\lambda''(x)$ 没有无穷多个极大值和极小值时,则

$$\mu\mu\int_b^c F(x)\cos\mu(x-\alpha)\lambda(x)\mathrm{d}x$$

必定随 μ 的无穷增大而趋于 0.

定理 2 反之,如果这两个条件满足,则存在一个三角级数,其系数趋于 0,并在收敛的值上代表函数 $f(x)$.

黎曼论文的第三章和最后一章讨论的是不连续函数——特别是那些具有无穷多极大值、极小值的函数的问题. 黎曼在这方面的工作最后未能完成. 然而可以不夸张地说,19 世纪刺激分析严格化的重要因素正是对于不连续函数的研究,而黎曼是第一个较为系统地分析不连续函数的人.

最后黎曼还提出一个一直未解决的有趣问题:给定一个函数,它的三角级数的表达式是否唯一? 海涅(H. E. Heine)认为这个问题很重要,在他的鼓励下,康托尔于 1872 年给出了唯一性定理的证明. 在叙述康托尔的贡献之前,有必要谈谈利普希茨和汉克尔的工作.

1864 年,利普希茨在《克莱尔杂志》上发表了一篇文章,着手解决狄利克雷猜测的结果,即允许函数的不连续点或极大值、极小值的数目为无穷. 他几乎完全在狄利克雷工作的基础上集中研究三角级数的表达性问题. 他区分了三种情况.

第一种情况:函数 $\varphi(x)$ 在 $c_1,c_2,\cdots,c_n$ 上是无穷的,他用 δ-区间 $(c_n-\varphi_n,c_n+\varphi_n)$ 围住每个 c_n(其中 φ_n 可任意小),使得 $\varphi(x)$ 在其余部

分满足狄利克雷条件；第二种情况：$\varphi(x)$ 具有无穷多个不连续点．对每个区间 (a,b) 可找到 r、s，使得在区间 (r,s) 上，函数 $\varphi(x)$ 满足狄利克雷条件；第三种情况：函数在有穷区间内有无穷多个极大值、极小值．

利普希茨证明了如下定理：

设 g 和 h 表示这样的量，它满足 $0 \leqslant g < h \leqslant \dfrac{\pi}{2}$，且 $f(\beta)$ 在区间 (g,h) 上保持在某些常数的正负值之间，以使得差 $f(g+\delta) - f(g)$ 随着 δ 的变化而收敛到 0，而且 $f(\beta+\delta) - f(\beta)$ 对于 $g < \beta < h$ 小于 δ 的任一正方幂与某一常数的乘积，则积分

$$\int_g^h f(\beta) \frac{\sin k\beta}{\sin \beta} \mathrm{d}\beta$$

当 k 无限增大时有一极限，这个极限当 g 是正数时为 0，当 g 是 0 时为 $\dfrac{\pi}{2} f(0)$．

利普希茨还对定义域内摆动的函数的行为特性感兴趣．但他对于不连续函数的分析并没有比要求函数在某些特殊区间上连续的分析更进一步．对集合论有意义的只是利普希茨对区间的区分及对相当于处处稠密的概念的使用．

汉克尔的工作超出了黎曼和利普希茨，在他 1870 年发表的论文 *Tübingen Universitätsprogramm* 中，明显地对无穷多处不连续和无穷摆动的函数表示关注．他主要澄清了函数的一般概念及连续函数的性质等问题，而且引进了所谓奇点凝聚的方法．把这种方法应用于任一具有一个奇点的函数，即可构造出另一个在任何有穷区间内有无穷多个奇点的函数．汉克尔讨论了在有穷线段上存在无穷多个不连续点的线性不连续函数，还区分了点式不连续和完全不连续这样两类线性不连续函数．

所谓点式不连续函数是指函数的不连续点是离散分布的，不充满任何一个任意小的区间．完全不连续函数是指函数的不连续点充满整个区间．同时他得出结论（尽管错误）：第一类函数是可积的，第二类函数是不可积的．

汉克尔还对数学中的各类函数，如代数函数、超越函数、复函数等

做了类比. 他将那些在任何有限区间内仅有有穷个例外点, 对于其他实数值均确定、有穷、连续, 且其导数也具有相同的特性的函数称为"合法"的函数, 其余的称为"不合法"的.

在一系列分析中, 对集合论发展有一定参考价值的是汉克尔的奇点凝聚方法. 对于处处稠密概念的应用, 以及他曾给出的连续但不可微函数、全不连续函数和不可积函数的例子也具有启发性. 在后来的工作中, 汉克尔对奇点上函数的行为特性更加关注, 特别是那些在任意小区间内能够凝聚的函数, 因为由此可以得出关于合法函数的性质和范围的某些结论. 但对于奇点的范围他没有再深究, 似乎也没有对奇点所构成的集合的构造性质产生兴趣.

为什么汉克尔等人没有发展起来一个集合论理论? 这主要是因为他们大体上是在三角级数的范围内考虑问题, 虽然所做的大量工作中包含了某些集合论的思想, 使用了朴素的实线性拓扑, 但这些只是在对函数进行分析时充当辅助性手段而已, 其中的思想既没有得到明确的阐发, 也没有建立起一个独立的理论.

由于下章将要谈及的原因, 康托尔将自己研究的重点放在能够定义和区分具有各种性质的点集的方法上, 这需要建立一个完备的实数理论. 它对于点集的确定、描述和分析是必不可少的一步. 正是康托尔第一个认识到无穷集合在数量上的重要区别, 在建立三角级数表达式的唯一性定理时, 他改造了他的前辈和同事的旧思想, 表现出一种独创精神. 康托尔在整个研究中将无穷集合作为一个独立于函数理论的对象进行考察, 并在这一过程中大胆开创了数学的一个全新领域——超穷集合论.

二 康托尔集合论的起源

1866 年 12 月 14 日,康托尔获得了博士学位,正式结束了他在柏林大学的学习.后来他就留在柏林,在当时最伟大的几位数学家库默尔(E. E. Kummer)、克罗内克(L. Kronecker)和魏尔斯特拉斯(K. T. W. Weierstrass)的指导下从事研究工作.那时他的主要兴趣是数论,他的学位论文的题目是 *De aequationibus secundi gradis inde-terminatis*.第二年,康托尔离开柏林,接受哈勒大学讲师的位置.他的"授课资格"论文讨论的是三元二次型的变换问题,同他的博士论文一样,反映了康托尔早期在数论方面的兴趣.然而,他的超穷集合论的创立并没有受惠于这一早期研究.相反,他很快接受了数学家海涅的建议,转向了其他领域.

海涅是康托尔在柏林大学时的同事,当时正要结束关于三角级数方面的工作,他鼓励康托尔研究一个非常有趣也是较为困难的问题:对任一给定的函数,判定其三角级数表达式是否唯一.有关这个问题,对一些特殊类型的函数,在某些假定下的唯一性已经解决.特别是1870 年海涅发表了如下定理:

一个至多有有穷多个不连续点的函数 $f(x)$,可以唯一地给出如下三角级数表示

$$f(x) \approx \frac{1}{2}a_0 + \sum (a_n \sin nx + b_n \cos nx) \tag{2.1}$$

如果这个级数满足一般的一致收敛的条件,它从 $-\pi$ 到 π 表示函数 $f(x)$.

由于要求级数一致收敛和函数至多除有穷多个点外连续,海涅的定理并不具有普遍性.海涅指出,即使更有才智的数学家,包括狄利克

雷、利普希茨和黎曼,虽然都在这个方向上做了很多工作,也不能最终解决唯一性问题.他们所处理的函数总是带有一定限制的特殊情形.

康托尔开始着手解决这个以如此简洁的方式表达的唯一性问题.他决定尽可能多地取消限制,当然这会使问题本身增加难度.为了给出最有普遍性的解,康托尔认为需要引进一些新概念.

19 世纪引进的一个新的重要概念是一致收敛.魏尔斯特拉斯在关于函数分析的一次演讲中曾确定了这种收敛性的意义.康托尔注意到,通过将式(2.1)中每一项乘上 $\cos n(x-t)\mathrm{d}x$,然后从 $-\pi$ 到 π 逐项积分,并不能解决唯一性问题.因为这一过程不仅假定了 $f(x)$ 可积,而且由于没有保证这个级数的一致收敛,逐项积分也不合理.康托尔给出了如下逐项积分的条件:

如果对于

$$f(x)=A_0+A_1+\cdots+A_n+R_n \tag{2.2}$$

逐项积分,必须对于任意给定的正数 ε,总存在一个整数 m,使得当 $n\geqslant m$ 时,对一切所考虑的 x,都有

$$|R_n|<\varepsilon$$

即对任意的 x,有

$$\lim_{n\to\infty}R_n=0$$

显然,这里的 m 是 x 和 ε 的函数.康托尔总结了传统的处理方法,指出其不足之处在于:对任意给定的 ε,我们不知道函数 $m(x,\varepsilon)$ 对所有的 x 是否都处于确定的界限之中.显然,如果 $f(x)$ 在 $x=x_1$ 处不连续,则函数 $m(x,\varepsilon)$ 对于常数 ε,当 x 趋向 x_1 时所取得的极限必定超过任何给定的界限.因此不能期望以这种方式探求一般的函数三角级数表达式的唯一性问题的解.

许瓦尔兹有一次曾告诉康托尔一个证明,可以用来确定一个特殊级数余项的一致收敛性,借助这个结果,康托尔认为能够逐步解决唯一性问题.

首先,康托尔假定对同一函数 $f(x)$,存在两个对每个 x 都收敛到同一值的三角级数表达式.将两式相减,得到一个 0 的表达式.同样对所有的 x 的值收敛:

$$0=C_0+C_1+C_2+\cdots+C_n+\cdots \tag{2.3}$$

其中 $C_0 = \frac{1}{2}d_0$，$C_n = c_n \sin nx + d_n \cos nx.$

在这之前，康托尔曾发表了一个唯一性定理所需要的初步结果——著名的勒贝格（H. L. Lebesgue）定理（1870 年 3 月）：

定理 如果两个无穷序列 $a_1, a_2, \cdots, a_n, \cdots$ 和 $b_1, b_2, \cdots, b_n, \cdots$ 随着 n 的增大，对于一个给定区间 (a, b) 中的每个 x 的值，$a_n \sin nx + b_n \cos nx$ 的极限等于 0，则当 n 增大时，a_n 和 b_n 也收敛于 0.

从而，康托尔证明，对 0 的三角级数的表达式——恰好是唯一性定理证明的始点——其系数 c_n, d_n 随着指标 n 的增加将变得任意小. 如果还能证明系数 c_n, d_n 在所有指标上恒为 0，则唯一性定理本身也就建立了. 为此康托尔建立了如下的黎曼函数：

$$F(x) = C_0 \frac{x \cdot x}{2} - C_1 - \frac{C_2}{2 \cdot 2} - \cdots - \frac{C_n}{n \cdot n} - \cdots \qquad (2.4)$$

它不仅在 x 的任何值的邻域内连续，而且当 a 无穷减小时，它的二阶差商

$$\lim_{a \to 0} \frac{F(x+a) + F(x-a) - 2F(x)}{a \cdot a} \qquad (2.5)$$

趋向于 0.

康托尔认识到，只要能证明 $F(x)$ 是线性的，则唯一性定理很容易得出. 1870 年 2 月 17 日，他写信给许瓦尔兹，询问是否存在某种方法证明黎曼函数具有 $F(x) = Cx + C'$ 的形式. 许瓦尔兹复信给予肯定的回答，并证明了这一结论. 于是康托尔将式（2.4）各项重排，得到：

$$C_0 \frac{x \cdot x}{2} - Cx - C' = C_1 + \frac{C_2}{2^2} + \cdots + \frac{C_n}{n^2} + \cdots \qquad (2.6)$$

改写为

$$C_0 \frac{x \cdot x}{2} - Cx - C' = \sum (a_n \sin nx + b_n \cos nx)/n^2 \qquad (2.7)$$

由于 $\sum (a_n \sin nx + b_n \cos nx)/n^2$ 以 2π 为周期，等式左边必定是一个周期函数，而这只有当式（2.7）中 $C_0 = 0$ 和 $C = 0$ 时才成立. 从而式（2.7）化为

$$-C' = C_1 + \frac{C_2}{2^2} + \cdots + \frac{C_n}{n^2} + R_n \qquad (2.8)$$

由于 R_n 是一致收敛的，故可用魏尔斯特拉斯关于一致收敛的结论，用

$\cos n(x-t)\mathrm{d}x$ 乘以级数(2.3)的每一项,然后从 $-\pi$ 到 π 逐项积分得到:

$$c_n \sin nx + d_n \cos nx = 0 \qquad (2.9)$$

于是有 $c_n=0, d_n=0$. 从而建立了 0 的三角级数的表达式,这个级数对于所有 x 的值,仅当级数(2.3)中所有系数 c_n, d_n 恒为 0 时才收敛. 于是康托尔得出如下的唯一性定理(1870 年 4 月):

定理 如果一个实变量函数 $f(x)$ 由一个对每个 x 的值都收敛的三角级数表示,则这个表示法是唯一的.

这是康托尔给出的第一个关于三角级数唯一性的结果. 得出如此深刻的结果并不意味着康托尔关于三角级数研究工作的结束. 在相当短的时间内,他还获得了其他几个有价值的漂亮结果,并于 1871 年 1 月作为一个简短的《摘记》发表了这些结果.

后来,克罗内克建议康托尔独立于先前的勒贝格定理建立唯一性定理. 由

$$0 = C_1 + C_2 + \cdots + C_n + \cdots \qquad (2.10)$$

其中 $C_n = a_n \sin nx + b_n \cos nx$,将 x 用 $x=u+x$ 和 $x=u-x$ 来替换,并将结果相加:

$$0 = e_0 + e_1 \cos x + e_2 \cos 2x + \cdots + e_n \cos nx + \cdots \qquad (2.11)$$

其中 $e_n = c_n \sin nu + d_n \cos nu$. 如果再用 x 代替 u,则系数 e_n 恰好与式(2.10)中的 C_n 相等. 现在可以将康托尔先前对式(2.10)建立的结果用到式(2.11)上,从而得出 $e_n = c_n \sin nu + d_n \cos nu = 0$,于是 $c_n = d_n = 0$.

克罗内克建议康托尔使用的技巧给康托尔留下了极深的印象,于是他对自己 1870 年 3 月的定理证明做了修改,使得"以如此清晰而简洁的方式修改了的证明无可指摘". 从克罗内克有兴趣帮助康托尔简化定理证明这一点来看,表明康托尔在哈勒的第一年,他们之间还是很友好的. 但是当康托尔将唯一性定理推广到允许无穷多个例外点的情况并获得成功时,克罗内克变得十分忧虑. 而且,随着康托尔关于无穷问题的深入研究,克罗内克变成他最早、也是最激进的反对者.

康托尔的唯一性定理要求把 0 表达成一个对函数定义域中每个 x 的值都收敛的三角级数. 1871 年,他试图去掉这个最初的假定. 正

是在这一过程中,证明中的某些成分得到了推广并转化成从那时起就在康托尔头脑中逐渐形成的某些数学思想.这些初期思想最终导致他的实数理论、超穷数理论和集合论理论的建立.

当初在《摘记》中,康托尔曾表述过一个新定理,允许放宽原先的假定,即对于某些 x 的值,或者放弃用级数(2.10)表示 0,或者放弃这个级数的收敛性.事实上,海涅在他关于三角级数的文章中已经通过使用"一般来讲"连续和收敛的条件做到这一步了.

康托尔将他的唯一性定理进一步推广:通过假定存在一个无穷序列

$$\cdots, x_{-1}, x_0, x_1, \cdots$$

这些 x_n 随着指标的增大而增大,而且对于这些 x_n,或者放弃级数的收敛性,或者放弃必须由式(2.10)表达 0;但是,在有穷区间内必须只存在有穷多个这样的 x_n.

康托尔所做的这一推广,标志着他的思想的一个转变.在一定意义上,正是从 1871 年的《摘记》,康托尔开始了对例外点集的研究.正如 1870 年的定理一样,康托尔 1871 年的结果在那个时代是有重要意义的,但《摘记》主要建立在别人的结果之上.1872 年 4 月,他又给出了由 1871 年的定理直接产生的更具独创性的结果.康托尔宣布:"我已经成功地寻找到一个相当严格的,也是更一般的定理,适当的机会我将会公布它."不久,这个机会终于来到了.

1871 年,康托尔发表了他对汉克尔 1870 年的论文 *Tübingen Universitätsprogramm* 的评论.康托尔说,汉克尔的"凝聚原理"给人留下了深刻印象:汉克尔曾用这一方法构造了一个在定义域上所有有理点不连续的函数.也许是受他所使用的构造方法的启发,康托尔也开始探求某些奇点的凝聚:对这些奇点,可以推广唯一性定理的结果以超出仅有有穷多个例外点的限制.运用奇点凝聚的方法,康托尔曾给出过一个有价值的、可以用于推广唯一性定理的思想.他已经证明黎曼函数 $F(x)$ 必定在仅包含一个奇点 x_0 的区间上是恒等的.如果在给定的区间 (α, β) 中只有有穷个这样的奇点,也不会造成附加的困难,但如果在 (α, β) 中出现无穷多个这样的例外点 x_v,情况又如何呢?波尔查诺(B. Bolzano)-魏尔斯特拉斯定理断定,在出现无穷多个奇点 x_v 的任何邻域内,至少存在一个聚点.如果在 (α, β) 内只存在一个这样的

聚点 x',则只需考虑区间 (α,x'),它的任何真子区间 (s,t) 中仅含有穷数目的例外点,否则在区间 (s,t) 中会有另一个聚点.对所有区间 (s,t) 和它们的有穷数目的奇点 x_v,康托尔断言 $F(x)$ 是线性的,且在区间上是恒等的.同时由于 $F(x)$ 连续,且端点 s 和 t 可以任意接近 (α,x'),即可得出 $F(x)$ 在区间 (α,x') 上也是线性的结论.如果在 (α,β) 中有有穷多个这样的聚点 $x_0',x_1',\cdots,x_n'$,也可得出同样的结论.因此即使对无穷多个例外点建立唯一性定理也是可能的,只要这些例外点以上述那种特殊方式分布.然而没有理由仅停留在有穷多个聚点的情形.如果在 (α,β) 中有无穷多个这样的聚点,再次应用波尔查诺-魏尔斯特拉斯定理,可以断定,对这些无穷多个聚点至少存在一个聚点.如果只存在一个,记为 x''.如前所得,在区间 (α,x'') 的任何子区间 (s,t) 中仅有有穷多个点 x_v' 出现.如前所得,$F(x)$ 在这样的区间上是线性的.通过令端点 s 和 t 分别任意靠近 α 和 x'',可直接得出 $F(x)$ 在 (α,x'') 上必定是线性的.这一过程可以进行有穷次而推广到越来越高程度的凝聚奇点和聚点上.

但是理论是一回事,技术性问题又是另一回事.如何清晰而简洁地阐明这样一个过程?如何分清一个高于一个的凝聚奇点的层次?给定一个复杂的集合,如何以精确的数学方法区别那些奇点?唯一令人满意的解答只能是算术方法,但是康托尔发现这需要一个严格的实数理论为基础.因此,在唯一性定理取得任何重要的推广之前,还有许多基础性问题亟待解决.

1872 年,康托尔在一篇文章中,用一章的篇幅专门讨论实数问题,特别是无理数问题.他为自己提出了一个目标,在不预先假定无理数存在的条件下,建立一个令人满意的无理数理论.显然,全体有理数集合为此提供了一个基础.康托尔用有理数的无穷序列 $\{a_n\}$ 来定义无理数及它们之间的顺序关系.

定义 无穷序列

$$a_1,a_2,\cdots,a_n,\cdots \tag{2.12}$$

称为一个基本序列,如果对任何有理数值 ε,都存在一个整数 N,使得对任何 $n>N$ 和任何 m,有

$$|a_{n+m}-a_n|<\varepsilon$$

如果序列$\{a_n\}$是一个基本序列,则说它有一个确定的极限,假定用b表示.于是每个基本序列$\{a_n\}$就有一个确定的符号b与之相联.康托尔使用"符号"一词来形容b的作用.然后他又定义了基本序列之间的顺序关系:

如果$\{a_n\}$与b相联,$\{a_n'\}$与b'相联,且对任意的ε,存在一个N,对所有$n>N$,有$a_n-a_n'<\varepsilon$,规定$b=b'$;如果$a_n-a_n'>\varepsilon$,则$b>b'$;如果$a_n-a_n'<-\varepsilon$,则$b<b'$.

常数序列$\{a\}$显然是一个基本序列,并恰好以a为极限.于是与极限b相联的序列(2.12)与一个有理数a之间,或者$b=a$,或者$b<a$,或者$b>a$.由定义立即可得,如果b是序列(2.12)的极限,则随着n的增大,$b-a_n$变得任意小.因此,用b表示(2.12)的极限是完全合理的.

康托尔希望将有理数域A的算术运算推广到这些新数b构成的域B上,并放弃"符号"一词,改用"数"称呼B中的元素.给定域B中的三个数b、b'、b'',分别考虑与它们相联的无穷序列$\{a_n\}$、$\{a_n'\}$、$\{a_n''\}$,用公式$b+b'=b''$,$b\cdot b'=b''$,$b/b'=b''$表示如下关系:

$$\lim(a_n+a_n'-a_n'')=0$$
$$\lim(a_n\cdot a_n'-a_n'')=0$$
$$\lim(\frac{a_n}{a_n'}-a_n'')=0$$

尽管"数"的术语的使用十分自然,但仍有关于由A生成的域B的性质及它们的存在性的哲学问题.康托尔认为B中的数本身是无意义的,它们只具有一种与序列相联系的客观实在性.显然这种实在性不同于域A中有理数所具有的客观性.B中的一个元素被考虑,仅仅为了某种方便之故,仅仅由于它代表了一个基本序列.

正如康托尔指出的,一般地,与A中的数构成的基本序列产生域B一样,由B中的元素构成的基本序列会产生域C,它是由所有基本序列$\{b_n\}$的极限C组成的.虽然域B和域C中的元素可能是相等的,但康托尔仍强调它们在概念上的重要区别.

康托尔从域C出发定义更高阶的域,经过几次这样的构造达到域L.域L在算术运算下封闭,顺序关系如域B中那样定义.正如在某种特殊意义下B和C是一致的,域L也与所有已生成的域B,

$C,\cdots,K$ 相一致，A 当然除外. L 的元素必定比 A 丰富得多. 显然康托尔已经认识到他的扩充可能对分析本身有益，尽管如他所说这需要更精细的研究.

接着，康托尔转而考虑数与几何连续统中的点之间的一致性. 对于有理数，这不成问题，因为如果从原点到给定直线上的一个点的距离是一个有理数时，则可由域 A 中的一个元素表示. 否则，它可由一个有理数的基本序列逼近. 康托尔如下表述这个条件：给定直线上的点，由原点到它的距离等于 b，其中 b 是与有理数基本序列

$$a_1,a_2,a_3,\cdots,a_n,\cdots$$

相联系的数. 由于 A 的每个元素可唯一地嵌入域 B 中，因此用 B 中的数表示直线上的点，其表示法是唯一的. 当然，康托尔不能证明这个命题的逆命题，即对于域 B 中的每个元素，存在直线上唯一的一个点与之对应. 于是他不得不求助于著名的公理：对每个数，存在直线上一个确定的点与之对应，它的坐标恰好等于这个数. 对于康托尔，这一公理赋予直线上的点和实数之间的关系一种对称和完全的意义，不然的话就无法保证存在直线上唯一的一个元素与域 B 中的一个元素对应. 同等重要的是，通过与几何的点的对应这一公理也保证了域 $B,C,\cdots$ 中的元素的客观实在性. 为了精确地识别以特殊方式分布的几何点的复杂结构，康托尔引进了一个富于创新的概念：第一型导集. 这是康托尔集合论新思想的萌芽.

康托尔将有穷的或无穷的数的全体称为一个数集. 相应地，直线上一个有穷的或无穷的点的总体称为一个点集，并由此给出如下定义.

定义　一个点集 P 的极限点是指直线上这样的一个点，它的任何一个邻域都有无穷多个 P 中的点. 这个极限点本身可能属于 P.

很容易证明，一个包含无穷多个点的点集至少有一个极限点. 这一结论是波尔查诺-魏尔斯特拉斯定理. 根据这一定理，康托尔指出，对于给定的一个点集 P，任何一条直线上的点，或者是 P 的一个极限点，或者不是. 任何一个无穷有界点集 P，总存在一个极限点的集合，康托尔用 P' 表示，称为"点集 P 的一阶导集". 如果 P 是直线上所有与有理数对应的有理点的集合，则 P' 就是直线上所有与实数对应的点的集合. 正如由 B 生成 L 一样，如果 P' 是一个无穷点集，可建立 P

的二阶导集 P''. 继续下去, 直到建立 P 的 v 阶导集 $P^{(v)}$.

康托尔将定义域 B 的语言成功地翻译到点集: 极限点相应于 B 中的元素, 无穷点集相应于基本序列. 如果产生导集的过程继续进行 v 次后不再产生更高阶的导集, 即 P 的 $v+1$ 阶导集不存在, 这时康托尔称初始集 P 为第 v 类 (初始) 点集. 对于有穷数 v, 所有第 v 类点集构成第一型导集. 康托尔证明这样的点集是存在的.

这些具有构造性特点的无穷点集是推广唯一性定理所需要的. 一旦引进第一型导集的概念, 定理本身的证明是容易的. 康托尔如下地给出关于无穷例外点集的唯一性定理.

定理 一个形如

$$0 = C_0 + C_1 + C_2 + \cdots + C_n + \cdots \tag{2.13}$$

的等式, 如果对除了与区间 $(0, 2\pi)$ 内某个第 v 类点集中的点对应的 x 值以外所有 x 的值, 都有

$$C_0 = \frac{1}{2} d_0, \quad C_n = c_n \sin nx + d_n \cos nx$$

则 $d_0 = 0$ 且 $c_n = d_n = 0$, 其中 n 是任意整数.

定理证明使用了 1870 年的唯一性定理和 1871 年将定理扩充到有穷例外点集时所使用的类似方法. 考虑黎曼函数

$$F(x) = C_0 \frac{x \cdot x}{2} - C_1 - \frac{C_2}{2 \cdot 2} - \cdots - \frac{C_n}{n \cdot n} - \cdots$$

康托尔证明, 依据第 v 类点集 P 的性质, 必定存在一个区间 (α, β), 其中不含 P 中的点. 借助级数的收敛性, 对 (α, β) 中所有 x 的值, 有

$$\lim(c_n \sin nx + d_n \cos nx) = 0$$

于是可得 $\lim c_n = 0, \lim d_n = 0$.

进而可证明 $F(x)$ 有如下性质:

(1) $F(x)$ 在 x 的任何值的邻域内连续;

(2) 如果除去与集合 P 中的点对应的 x 值以外, 对所有 x 的值, $\lim a = 0$, 则

$$\lim \frac{F(x+a) + F(x-a) - 2F(x)}{a \cdot a} = 0$$

(3) 如果对所有 x 的值, $\lim a = 0$, 则

$$\lim \frac{F(x+a) + F(x-a) - 2F(x)}{a} = 0$$

由此可证 $F(x)$ 是一线性函数,即在整个 $(0,2\pi)$ 区间上,可令 $F(x)=Cx+C'$.对于仅包含 P 中有穷多个点 $x_0,x_1,\cdots,x_n$ 的子区间 $(p,\cdots,q)$,考虑由这些例外点分成的子区间的汇集.正如 1870 年证明的,由性质(1)、性质(2),$F(x)$ 在每个子区间上是线性的;又如 1871 年《摘记》中证明的,由性质(1)、性质(3),线性函数 $F(x)$ 在每个子区间上是恒等的,从而

(A)如果 $(p,\cdots,q)$ 是任何一个只包含集合 P 中有穷数目的点的区间,则 $F(x)$ 在这个区间内是线性的.

对于集合 P 的一阶导集 P',再考虑区间 $(p',\cdots,q')$,其中仅包含 p' 中有穷数目的点 $x'_0,x'_1\cdots,x'_v$,可证在每个子区间 $(x'_v,\cdots,x'_{v+1})$ 上 $F(x)$ 不仅是线性的,而且在整个区间 $(p',\cdots,q')$ 上是恒等的,从而就有:

(A')如果 $(p',\cdots,q')$ 是任何一个只包含 P' 中有穷数目的点的区间,则 $F(x)$ 在这个区间内是线性的.

证明类推,考虑区间 $(p^{(k)},\cdots,q^{(k)})$,只包含 P 的第 k 阶导集 $P^{(k)}$ 中有穷多个点,$F(x)$ 在所有这样的区间上都是线性的.由于 P 是第 v 类点集,经过有穷步后,不存在 $P^{(v)}$ 的更高阶导集了,于是康托尔得出 $F(x)$ 在任何给定的区间 $(a,\cdots,b)$ 内是线性的,因此能够以

$$F(x)=Cx+C'$$

的形式给出,接下去的证明如先前唯一性定理的证明一样.

为了证明关于无穷例外点集的唯一性定理,康托尔首先考虑了第一型导集.1872 年他提出,除去第一型导集的简单序列 $P^{(1)},P^{(2)},\cdots,P^{(v)}$ 以外,同样还需要考虑称为第二型导集的整个序列.用 ∞ 表示大于所有有穷数的最小无穷数,则对于所有 $L<\infty$,第二型导集是由那些 $P^{(L)}\not=0$ 的集合 P 构成的.事实上,可以给出更多比 $P^{(\infty)}$ 高阶的第二型导集,包括

$$P^{(\infty)},P^{(n_\infty)},P^{(\infty+n)},P^{(\infty^n)},P^{(\infty^n)},P^{(\infty^\infty)},\cdots \quad (2.14)$$

1880 年康托尔在一篇文章的附注中指出,10 年前他就成功地建立了这个序列,并借 1872 年介绍新数的机会暗示过这一发现.第二型导集的概念是以一种十分确定的方式引出的.从第二型导集 $P^{(\infty)}$ ($P^{(\infty)}\not=0$)出发,可产生 $P^{(\infty)}$ 的导集 $P^{(\infty)'}$,用 $P^{(\infty+1)}$ 表示,假定 $P^{(\infty)}$

包含无穷多个点;将这一过程继续下去,很自然地产生了更高阶的第二型导集.

回顾康托尔的无理数构造,由有理数集 A 产生集 B,又由 B 生成导集的无穷序列 $C,D,\cdots,L,\cdots$. 显然康托尔注意到,在每个由 B 生成的域中不会再产生新数了.正如狄特金指出的,高阶实数不再贡献由 A 生成的第一型导集所不能包含的东西了.

1872 年,康托尔的兴趣已经超出了无理数的一般构造和实数系的分析.为了证明无穷例外点集的唯一性定理,他研究了抽象的第一型导集.康托尔强调指出,重要的是如何区分它们,因为只有明确识别这些集合,才能指出在证明唯一性定理时可允许哪些例外点.同时,区分由 B 生成的其他集合也是重要的,因为它们直接导致康托尔新思想的产生,导致序列式(2.14)的引进.但是无论如何,康托尔最初的新思想还是不成熟的,它并没有直接引导出 10 年后超穷数的发现.1870 年,他的注意力主要还是在点集上.随着唯一性定理最一般的证明的成功给出,康托尔开始研究离散和连续域二者的重要区别.事实上,这才是走向建立一个独立的集合理论重要的一步.

在将唯一性定理推广到允许无穷例外点集的过程中,康托尔认识到,这些例外点的集合及其导集所产生的问题是与全体实数集合的构造性质密切相关的.极限点和导集概念的形成揭示了二者之间的直接联系.由于唯一性定理的证明极大地依赖于直线上点之间关系的特性,康托尔在接下来的一篇文章中特别讨论了像有理数集那样的可数无穷集和像实数集那样的连续统之间的区别问题.

在对唯一性定理证明的过程中,康托尔做出了一系列的新发现,这充分显示了他在建立自己所需要的结果方面所表现出的灵活性.也可以看出在对于深刻问题出人意外地给出非正统答案方面,康托尔确有独到之处.在对定理进行扩充时,他善于成功地利用前人的结果,同时在构造新模型、建立新思想方面极富创新精神,表现了一代数学家在解决基础问题方面的卓越才能.

从三角级数表达问题起源的集合理论很快获得了自身的独立性,当康托尔从早期的三角级数领域转向新的研究方向时,一个新的数学时代开始了.

三　可数和维数

我看到了,但我简直不能相信它!

——康托尔给狄特金的信

康托尔 1872 年关于三角级数的文章并不能直接引出超穷集合论理论.尽管导集概念的引进很快被承认在分析中的应用价值,但那一时期对建立超穷集合论真正有意义的进展是康托尔关于实数集不可数的发现.从 1872 年到第一次发表关于线性点集文章的 1879 年期间,康托尔做出了许多重要的发现,他不但建立了不同阶无穷的存在性,还给出了一个惊人的结果:任何维数的空间可以唯一地映射到实数的一维直线上.这一发现涉及对维数性质的新的理解,也定下了康托尔后来的研究方向.关于可数和维数问题的研究标志着康托尔从 1879 年开始发表的无穷点集系统的理论发展上的第一步.

康托尔不是唯一详细研究连续域性质的人,1872 年,康托尔将一篇概述了实数理论的关于三角级数方面的文章寄给狄特金;作为答谢,狄特金将自己刚发表的一篇短文《连续性和无理数》寄给康托尔.两篇文章的交换开始了他们两人之间友好的思想交流.在去 Harz 山休假期间,康托尔和狄特金第一次会面,并就某些重要的数学问题进行了探讨.在康托尔最富创造力的时期,狄特金给予他以极大的帮助和影响.

虽然直到 1872 年狄特金才发表关于连续性和实数的文章,但事实上他早已发现了实数的连续性.狄特金和受到分析基础危机影响的大多数数学家一样,一直致力于分析的严格化,1858 年在一次关于微积分原理的演讲中,他提出了著名的"狄特金分割".同年 11 月,他在笔记本上记录了实数连续性的发现,并宣称在这一发现过程中他给出了连续性的确切定义.如康托尔在唯一性定理证明过程中指出的,狄特金认为,极限、连续和实数连续统的算术理论之间有着重要联系.在《连续性和无理数》的文章中,狄特金对直线上的点和有理数之间做了比较,并强调,任何线段上都有无穷多个非有理点.他还预示了康托尔的下一个重要进展,即认为直线 L 就点的个数而言较有理数域更丰富.一年以后,康托尔果真给出了实数不可数的证明.

1872 年,康托尔最初产生的集合论思想还没有获得自身的独立性,尽管在导集序列:

$$P^{(1)}, P^{(2)}, \cdots, P^{(v)}, \cdots, P^{(\infty)}, P^{(\infty+1)}, \cdots$$

中已经奠定了超穷数必备的基础,但康托尔还不能区分 $P^{(v)}$ 和 $P^{(\infty)}$ 在概念上的差别,没有发展起一种精确的方法,用来定义继全体自然数之后的第一个超穷数 ∞.到了 1873 年,他认识到离散集和连续之间存在着重要的量的差别.在这之前,他甚至没有觉察到存在这种差别的可能性.当他将第一型导集成功地运用到唯一性定理的证明中之后,他开始对定理有效性的原因产生了兴趣.为什么三角级数的表达式可以允许可数无穷多个例外点,只要这些点是以一种特殊方式分布的?这必定在康托尔头脑中产生一个密切相关的问题:像自然数集那样的无穷集和像实数那样的无穷集之间存在着怎样的关系?

1873 年 11 月 29 日,康托尔写信给狄特金,提出了一个曾在无理数的分析中考虑过的问题:全体正整数集合 N 和全体实数集合 R 能否建立一一对应?这个问题如此明了,一望便知是不可能的.因为 N 是离散的,R 是连续的.但康托尔认为这个问题也许并不那么简单,我们不能过分相信直觉,例如依靠直觉,似乎可以断言有理数和代数数都是不可数的,但已经证明它们构成了可数集合.究竟什么是连续统的本质特性呢?这个问题困扰了康托尔的余生.

有理数是稠密的,康托尔又注意到有理数和代数数都是可数的,刘维尔(J. Liouville)还证明了超越数的存在.那么是否存在比有理数多得多的无理数呢?什么又是这一问题的精确意义呢?尽管康托尔做了极大努力,仍未很快找到有关实数是否可数的答案.康托尔写信给狄特金说:"对于所提出的问题,我已经考虑多年了,总是发现自己拿不准究竟是题目本身太难,还是我无力解决它."康托尔对这个问题感兴趣,说明他已经开始考虑存在更大的无穷集合的可能性了,如何能够以一种直接的方法证明这点呢? 这对于康托尔新理论的建立可以说是十分必要的一步.

解开实数是否可数的谜团绝不是件容易的事.当康托尔将他的兴趣从三角级数方面转到连续性分析时,一个重要的因素被忽视了,这就是可数的概念.康托尔和狄特金都曾通过实数连续性公理的明确表达强调指出,实数就其数目和特性而言要比有理数更丰富,因为无理数竟然能不可思议地填补了有理数以外所有的空隙,从而在连续性和完备性上完全超过了有理数.那么产生这一结果的真正原因是什么呢? 1873 年,康托尔终于发现,在自然数集 **N** 和实数集 **R** 之间不可能建立一一对应.

最初的证明是 1873 年 12 月做出的,1874 年初发表在题为《论实代数数集合的特性》的文章中.

康托尔借助反证法,假定实数集 **R** 可数,全体实数必定可排成一个序列:

$$w_1, w_2, w_3, \cdots, w_v, \cdots \qquad (3.1)$$

但立即可以证明,给定任何一个区间 $(\alpha, \beta) \subset \mathbf{R}$ 至少有一实数 $n \in \mathbf{R}$ 没有排在序列(3.1)中.可从序列(3.1)中选出前两个属于区间 (α, β) 的数,记为 α', β',它们构成一个区间 (α', β'),再从序列(3.1)中选出前两个属于区间 (α', β') 的数 α'', β'',构成区间 (α'', β''),$\cdots$,如此下去,得到一个区间套序列 $\{(\alpha^{(v)}, \beta^{(v)})\}$,其中 $\alpha^{(v)}, \beta^{(v)}$ 是序列(3.1)中前两个属于区间 $(\alpha^{(v-1)}, \beta^{(v-1)})$ 的数.存在如下两种可能:

假定如此构造的区间数目有穷,很容易得出康托尔的结论:区间 (α, β) 中包含一个数 η,没有列在序列(3.1)中,因为只要 η 是任何一个属于 $(\alpha^{(v)}, \beta^{(v)})$ 而不在序列(3.1)中的数就行.

如果区间的数目无穷,考虑序列

$$\alpha, \alpha^1, \cdots, \alpha^{(v)}, \cdots$$

它并非无限递增,而是限制在区间 (α, β) 中,因此必有一个上限,用 α^∞ 表示;同时序列

$$\beta, \beta^1, \cdots, \beta^{(v)}, \cdots$$

也必有一个下限,用 β^∞ 表示.若 $\alpha^\infty < \beta^\infty$,则属于 $(\alpha^\infty, \beta^\infty)$ 的任何实数都可以作为所要求的 η.若 $\alpha^\infty = \beta^\infty$,显然 $\eta = \alpha^\infty = \beta^\infty$ 不可能排在序列(3.1)中.因若对某个 ρ,$\eta = w_\rho$,由于 w_ρ 对于足够大的 v,将不属于所有的 $(\alpha^{(v)}, \beta^{(v)})$,即 η 不属于 $(\alpha^{(v)}, \beta^{(v)})$,而由康托尔的构造,对任何指标 v,η 必在每个 $(\alpha^{(v)}, \beta^{(v)})$ 中.这一矛盾证明了 **R** 是不可数的.

1873 年康托尔将证明寄给狄特金,其表述要比上面的复杂,那个最初的证明草稿提供了康托尔在企图证明实数是可数的、到证明是不可数的过程中所经历的思想转变.1873 年 12 月 7 日,康托尔在给狄特金的信中断言实数是可数的,全体实数可以排成一个序列.

$$w_1, w_2, \cdots, w_n, \cdots$$

但他很快发现所给出的证明太繁,两天后当他企图修改它时,偶然发现对任意包含在 $(0,1)$ 中的区间 (α, β),他能够证明存在一个数 $\eta \in (\alpha, \beta)$,没有列在上面的序列中,由此他断定实数集 **R** 和自然数集 **N** 不可能建立一一对应.

康托尔戏剧性地在一个星期内就改变了自己的主张,一种全新的、先前几乎不大令人注意的方法突然涌现在他头脑中,康托尔得到了意外的收获,他立即补上了两个证明:代数数是可数的,实数是不可数的.他的证明独立于而且完全不同于刘维尔关于在任何给定的实数区间 (α, β) 中存在无穷多超越数的证明——但这并不是康托尔结论中最重要的部分.正如康托尔自己所说的"定理表明了实数集所以构成一个所谓连续统(这里说的是 ≥ 0 且 ≤ 1 的全体实数)的原因……由此我发现了连续统与像全体实代数数那样的集合之间的明显区别."

从康托尔证明实数不可数的过程可以看出,狄特金和康托尔同样感觉到存在比自然数多得多的实数,但在如何使问题定量地进行表达方面,康托尔却有独到之处.

找到了连续统和有理数集之间实质性的差别,下一步的任务是建立一种方法可以计数无穷集,为此康托尔提出了一一对应思想.于是以点集、导集和一一对应思想武装起来的康托尔开始向将成为集合论的未知领域进发.

随着实数不可数性质的确立,康托尔又提出一个新的问题:能否建立平面和直线间的一一对应.1874 年春,在柏林康托尔向他的朋友们提出这个问题,人们对它的荒谬感到惊奇,因为他们确信,两个独立变量不可能化归为一个. 1 月 5 日康托尔曾写信给狄特金第一次提出这个问题,显然狄特金没有仓促作答.三年后康托尔再次提出这一问题,在此以前他的注意力却为其他事情所转移了.

1874 年初,经姐姐索菲(Sophie)介绍,康托尔与瓦利·古德曼(Vally Guttmann)订婚,并于同年仲夏结婚.在去 Harz 山度蜜月期间,康托尔与偶然相遇的狄特金度过了一段快乐时光.也许是婚后生活方式的改变,康托尔暂时减少了工作时间,有关对应问题的研究中断了.三年后他写信给狄特金指出,ρ 维连续空间与一条曲线有相同的势(Mächtigkeit).

康托尔的证明是简单的.在[0,1]上给定 ρ 个独立变量:

$$x_1,x_2,\cdots,x_\rho$$

考虑[0,1]上的第 $\rho+1$ 个变量 y,问这 ρ 个数 $x_1,x_2,\cdots,x_\rho$ 能否与数 y 建立一一对应,即对每个 ρ 元组$(x_1,x_2,\cdots,x_\rho)$,有一个确定的 y 值与之对应,同时,对 y 的每个确定的值,有且仅有一个 ρ 元组$(x_1,x_2,\cdots,x_\rho)$ 与之对应? 康托尔的回答是肯定的.对于任何 $x\in[0,1]$,能够如下给出唯一的十进制小数表示:

$$x=\alpha_1\frac{1}{10}+\alpha_2\frac{1}{10^2}+\cdots+\alpha_v\frac{1}{10^v}+\cdots$$

考虑 ρ 维空间的一个点,它的坐标由 ρ 个变量确定:

$$x_\rho=\alpha_{\rho,1}\frac{1}{10}+\alpha_{\rho,2}\frac{1}{10^2}+\cdots+\alpha_{\rho,v}\frac{1}{10^v}+\cdots$$

再考虑点 y

$$y=\beta_1\frac{1}{10}+\beta_2\frac{1}{10^2}+\cdots+\beta_v\frac{1}{10^v}+\cdots \tag{3.2}$$

通过如下四个等式确定 x_ρ 到 y 的唯一映射:

$$\alpha_{1,n}=\beta_{(n-1)\rho+1}$$
$$\alpha_{2,n}=\beta_{(n-1)\rho+2}$$
$$\alpha_{\alpha,n}=\beta_{(n-1)\rho+\alpha}$$
$$\alpha_{\rho,n}=\beta_{(n-1)\rho+\rho}$$

这个过程是可逆的.给定一个 y 值,很容易用式(3.2)将它表示成一个无穷小数.例如考虑平面上的点(x_1,x_2)和直线上的点 y 之间的对应:

设 $$x_1 = 0.\,\alpha_1\alpha_2\cdots\alpha_v\cdots$$
$$x_2 = 0.\,\beta_1\beta_2\cdots\beta_v\cdots$$

在康托尔的对应下,则有:

$$y = 0.\,\alpha_1\beta_1\alpha_2\beta_2\cdots\alpha_v\beta_v\cdots$$

于是康托尔真的给出了他所期望的对应! 但对于这个出人意料的结果,他毫无思想准备,以至于大声惊呼:"我看到了,但我简直不能相信它!"一种神奇的力量竟然使一个单一坐标就能唯一地确定 ρ 维连续空间的一个元素!

但是狄特金很快告诉康托尔,他发现了证明中的一个漏洞.为了防止两个相同的值 x 对应两次,不得不附加一个限制,在某个指标后面全是 0 时不允许对应,不然的话同一个数 x 就会有两种表示.如

$$x = 3.000\cdots$$
$$x = 2.999\cdots$$

而只有 0 除外.在所说的情况下,康托尔的对应显然是不完全的.康托尔马上承认了这一错误,并寄了一张明信片给狄特金说:"你的发现完全正确,但幸运的是这一错误仅仅影响到证明本身而无损于结论."两天以后,康托尔给出了修改后的证明,但十分复杂.

接着康托尔又提出另一个与此有关的问题:既然平面和直线能够唯一对应,似乎不必坚持非要给出一个关于空间维数的定义.先前,康托尔像大多数同时代数学家一样,始终认为任何 n 维空间的元素要由 n 个独立的实数坐标确定,并把这一假定作为必要的前提加以使用.根据他的新发现,康托尔告诫大家:"所有使用这一错误假定的无论是哲学的、还是数学的推理都是不能允许的."

狄特金对康托尔的新发现表示了祝贺.但是他批评康托尔仓促地怀疑基于维数不变性的哲学的和数学的工作.依他之见,一个连续空间的维数是这个空间最重要的不变性.他还强调:在确定维数不变性中起决定作用的是连续量.狄特金认为他的这位哈勒大学的同事未免走得太远了,仓促地谴责所有依据连续性断定空间不变性的见解,却没有给出任何实在的根据.

7 月 2 日,他严肃地提醒康托尔不要急于发表他那充满刺激性,却又不够成熟的结果,以免引起公开的反对.康托尔认真考虑了这一

建议,两天以后答复说:"这完全是一种误会!"他断言,事实上,那些人问心有愧地做出的那个假定不是维数的不变性,而是独立坐标的确定性:在各种情况下,这些独立坐标的数目恰好与维数相等.他请狄特金放心,他绝不想挑起任何形式的争论,只希望他的新结果有助于进一步阐明维数不变性的实质.

在证明了实数的不可数性以后,康托尔头脑中必然产生过一系列重要问题,例如,自然数和实数之间和以外存在有其他的数量吗?线性集 R 的连续性是否与它的不可数性有关?更高的维数能否产生基数渐增的点集?随着不同维数的空间可以相互映射的重要发现,整个事情完全出乎意料地扭转了方向.由此康托尔确信,单纯利用实数集 **R** 来研究连续域是可能的.康托尔后来集中研究线性点集的特性这点,反映了他原来认为点集不可能具有比 **R** 更大的基数.

1878 年,康托尔在《克莱尔杂志》上发表了题为《集合论》(Beitrag ZurMannigfaltigkeitslehre)的文章.其中用一一对应思想给出了集合论中一个重要的概念——集合的势.

两个集合称为等势的,如果它们之间能够建立一一对应.

确定一个集合的势和这些势的顺序及等级,是康托尔早期理论致力于解决的重要问题.在《集合论》中,康托尔首先讨论的是由所有可数集合构成的类的性质.这是一个极其丰富的类,不仅包括有理数集、代数数集,还包括 1872 年曾作为第 n 类集合描述的那些集合,而且,一般来讲,还包括任何以自然数为脚标的简单无穷序列和 n 重序列.不难理解,由正整数 v 构成的序列的势是无穷集中所有势中最小的.但康托尔感兴趣的不是那些稠密的、但处处不连续的集合,而是所谓的 n 维连续空间,重点在于对它们的势的研究.

究竟什么是可以作为空间维数基本特征的性质呢?这是问题的关键.康托尔给出了如下的一个惊人结果:

通过一个单个的实数坐标 t,完全可能唯一地确定一个 n 维连续空间的元素;如果不限制对应的类型,用来唯一确定这些 n 维空间元素的独立的、连续的实数坐标的数目可以是任何一个数,因此它不能作为一个给定空间的唯一特征.

《集合论》中提出的问题涉及包含在任何实数连续统中的各种无

穷集,以及如何按照势来区别它们. 由于任何连续域,无论其维数如何,都可以认为它与一个线性连续点集等势,因此连续性研究可以归结为对实数连续统 **R** 的研究. 于是线性点集的特性就成为康托尔下一步研究的中心课题.

已经指明自然数集构成了可数数类的基础,而实数集构成了连续类的基础. 康托尔进一步断定,在线性连续域中,这也是仅有的两类集合. 即线性集合由两类构成,第一类包括所有的这样一些空间,它们能够以 v 的一个函数的形式被给出(其中 v 遍历所有正整数);第二类由所有这些集合构成,它们能表示为 x 的一个函数的形式(其中 x 假定是 ≥ 0 且 ≤ 1 的所有实数). 因此对于无穷线性集合来说就只有两种可能的势.

康托尔后来通过集中于线性连续统的特性的研究,在较短时间内取得了超穷数和集合论理论的重要进展. 但康托尔的工作当时并没有得到数学家的普遍承认. 而这其中没有一个人曾像克罗内克那样激烈地反对康托尔的思想,也没有一个人像克罗内克那样毁坏了康托尔的早期声誉. 作为在柏林大学时的导师,克罗内克在数论方面非常称赞康托尔的工作,甚至曾对康托尔 1871 年的唯一性定理的证明提出最早的修改意见. 但后来克罗内克不再那么慷慨了,他不仅企图阻止康托尔 1878 年关于维数的论文的发表,而且对超穷数和集合论的长期敌视达到了空前的地步,这是众所周知的事实.

很有趣的一件事是,康托尔最早关于实数不可数的证明是在《论实代数数集合的特性》的文章中给出的,所以使用"代数数"的标题,恐怕与克罗内克对分析中的一些基本理论的反对有关.

克罗内克曾对在严格的数学中使用一般的无理数理论和波尔查诺-魏尔斯特拉斯定理表示怀疑和反对. 作为《克莱尔杂志》的编辑,他拒绝发表有关这方面的任何文章. 但是,要想严格地给出实数不可数的证明,无理数理论和连续性公理是必不可少的. 为了能在杂志上发表自己的论文,康托尔尽量减少了证明的这一特色,审慎地避开了连续性公理的使用,因为实数不可数的结果本身就够刺激的了. 康托尔给狄特金的信中说:他是有意谨慎地阐述自己观点的,在"代数数"的标题下,尽量使用一种不引人注目的方式策略地引出实数不可数的证明,并且愿意采纳对文章的可接受性提出的任何建议.直到这篇文章的结尾,他也不曾点明主题,却言不由衷地告诉读者:"如果你们没有看到标题以外的内容,那么我仅仅是写了有关代数的问题."

1877 年 12 月,康托尔将《集合论》送交《克莱尔杂志》,尽管编辑接受了它,魏尔斯特拉斯也希望尽早发表,但没有任何发稿的实际步骤,康托尔疑心克罗内克从中作梗,焦虑地写信给狄特金,并抱怨对自己工作的不公正态度.根据以往的经验,狄特金劝他再等等.第二年,《集合论》总算发表了.

对克罗内克阻止《集合论》的发表有几种看法,弗兰克尔猜测是由于康托尔证明中包含有明显的矛盾,密斯考沃斯基也这样认为,"康托尔的定理是一个如此漂亮的数学悖论的例子".但也可能完全是出于克罗内克的偏见,他认为康托尔的证明根本没有意义,因为这一证明依赖于无理数 $e \in [0,1]$ 和实数 $x \in [0,1]$ 之间的映射,而克罗内克确信这是在玩弄空概念,他绝不允许这样的数学胡言.虽然克罗内克最终没能阻止《集合论》的发表,但从此,康托尔再也不想在《克莱尔杂志》上发表文章了.这件事标志着康托尔和克罗内克的第一次冲突.

在康托尔建立了一维和 n 维连续域之间的映射后,人们企图在要求连续映射的条件下证明类似的结果.后来吕洛特(J. Lüroth)建立了维数 $\geqslant 3$ 的空间不能与二维平面有连续的唯一映射,荣根斯(Jürgens)又证明了,如果平面和直线的对应是连续的,就不可能是一一对应.更高维的连续映射仍然使数学家困惑,康托尔本人也没有再给出什么实质性的结果,"维数理论还需进一步系统地加以研究".

如果说三角级数的文章中包含了超穷数和集合论思想的萌芽,那么关于维数的文章就是向一个独立的集合理论发展的过渡.

四　康托尔关于点集的早期理论

　　1879 至 1884 年间，康托尔为了引进新集合论的基本原理，相继发表了六篇系列文章，汇集成《关于无穷的线性点集》(*Über Unendliche lineare Punktmannigfaltigkeiten*). 其中前四篇直接建立了集合论的一些重要数学结果，还涉及一些有关集合论在分析中饶有趣味的应用. 1883 年，康托尔认识到，想要对无穷的新理论作进一步推广，必须给出较前四篇系列文章更为详尽的阐述. 于是，随后发表的第五、第六两篇文章简洁而系统地阐述了超穷集合论. 其中第五篇专门讨论了由集合论产生的数学和哲学问题，包括回答反对者们对实无穷的非难. 这篇文章对于康托尔是非常重要的，以致曾以《集合论基础》(*Grundlagen einerallgemeinen Mannigfaltigkeitslehre*) 为题作为专著单独出版.

　　1872 年，康托尔在三角级数的文章中隐含的集合论思想的萌芽与其说是清晰的，不如说是相当含糊的. 第二年，康托尔开始试图建立一种结构，希望借此能够较系统地引进一些新概念，1874 年，他证明了数量上不相等的无穷集的存在，以及怎样计数无穷集，如何确定它们的势. 到了 1878 年，康托尔已经认识到，对于连续性的分析可以集中于一维实线上. 1879 年，他发表了关于无穷线性点集系列文章的第一篇. 无论如何，《基础》是在康托尔头脑中酝酿了十年之久的思想的综述. 本章将简单介绍系列文章的前四篇，并指出线性点集的研究如何激起康托尔作为独立专著写作《基础》的兴趣.

　　系列文章的第一篇发表在《克莱尔杂志》上，康托尔向不大熟悉他早期工作的读者介绍了一些基本概念，重点讨论的是后来运用到连续性分析中的分类法. 康托尔借助导集的特性对无穷集进行分类, 并强调导集概念在最简单、也是最完全地说明连续统的性质方面是非常重要的.

1872 年, 康托尔曾引进了第一型集的概念, 即对于某个充分大的 v, 其导集 $P^{(v)}$ 为空集的那些集合 P 的整体. 进而, 对于任何有穷值 v, $P^{(v)}$ 不空的那些集合被作为第二型集引进. 并在这篇文章中独立给出了处处稠密性的概念, 康托尔在讨论可数性时曾涉及具有这种性质的集合.

定义 　设集合 P 部分或全部包含于区间 (α, β) 中, 如果 (α, β) 的任意小区间 (γ, δ) 中都含有 P 中的点, 则称 P 在区间 (α, β) 中是处处稠密的.

康托尔还指出了处处稠密的集合和导集之间的联系. 一个集合 P 的一阶导集 P' 包含区间 (α, β) 本身时, 则 P 在区间 (α, β) 中是处处稠密的. 进一步, 处处稠密集必定是第二型集, 第一型集绝不可能是处处稠密的.

在 1879 年的这篇文章中, 康托尔阐明的点集的第二个重要问题是按照集合的势对它们进行分类. 这一思想在康托尔的早期研究中已经概述过. 1874 年建立实数不可数性时曾借助一一对应思想定义集合的等势, 但当时他并未企图说明势概念本身的含义.

康托尔挑选了两种特殊情形: 可数集——它们的势是自然数集 **N** 的势; 连续统或不可数集——它们的势是实数集 **R** 的势. 每一个都可以从他 1874 年的文章中直接引出. 例如, 无穷可数集包括自然数集、有理数集和代数数集, 所有第一型集也是可数集. 但有理数集和代数数集可以证明是处处稠密集, 因此第二型集也可能是可数的. 作为不可数集的例子, 康托尔回到 1878 年的文章, 提出任何一个除去了一个可数无穷点集的连续区间是不可数的.

康托尔一直局限于对有数几个特殊点集的考察上, 但也并没有立即断定在点集中只有两种可能的势: 或者与 **N** 的相等, 或者与 **R** 的相等. 康托尔已经发现直觉是不可靠的. 例如, 直线和平面的一一映射仅仅证实了直线的丰富, 至于隐藏在丰富直线中的真正奥秘, 康托尔并不想草率地做出任何判断. 自然数、有理数和代数数之间的联系是复杂而不易刻画的,超越数就更是令人难以捉摸了.

对于点集,究竟有多少不同的势呢? 这是一直未解决的问题. 在能够找到一个令人满意的答案之前,必须对第二型集进行更系统、更深入的分析.1879 年的文章中,除了引进了几个新术语外,没有给出什么新结果,但是那些颇具启发性的概念,如导集、势和处处稠密等,却对康托尔之后的整个研究起了不可忽视的作用.

康托尔的第二篇系列文章是 1880 年发表的一篇短文.除了继续讨论第一篇文章中提出的一些问题外,还企图澄清在线性点集领域中的一些旧概念,并且第一次大胆引进了最具独创性的发现:超穷数.康托尔指出,第一型集可由它们的导集完全刻画,而第二型集却不能.因此必须考察它们更深刻的性质,必须发展一种更精细的技术用来处理第二型集.

为此,考虑一个一般的第二型集 P,康托尔给出 P 的一阶导集 P' 的一个分解:

$$P' \equiv \{Q, R\}$$

其中 Q 是属于 P' 的第一型集的所有点的集合,R 是包含在 P' 的每个导集中的点的集合.康托尔用

$$D(P_1, P_2, P_3, \cdots)$$

表示所有 P_n 的交集($n=1,2,3,\cdots$),于是有

$$R \equiv D(P', P'', \cdots)$$

同时也有

$$R \equiv D(P'', P''', \cdots)$$

$$R \equiv D(P^{(n)}, P^{(n+1)}, P^{(n+2)}, \cdots)$$

最后有

$$R \equiv P^{(\infty)}$$

其中 $P^{(\infty)}$ 表示 P 的第 ∞ 阶导集.

康托尔希望这种分解有助于他在以后对连续统的研究. 但在 1880 年,通过描述区分第一型和第二型导集的特殊性质,康托尔以一种严格的方式引进一个新的基本概念:假定 $P^{(\infty)} \neq 0$,康托尔从 $R = D(P', P'', \cdots, P^{(v)}, \cdots) = P^{(\infty)}$ 出发,用 $P^{(\infty+1)}$ 表示 $P^{(\infty)}$ 的一阶导集,用 $P^{(\infty+n)}$ 表示 $P^{(\infty)}$ 的第 n 阶导集,如此下去,可以产生更高阶导集:

$$P^{(n_0 \infty^v + n_1 \infty^{v-1} + \cdots + n_v)}$$

如果将 v 作为一个变量,事实上将产生一个"概念"("Concept")的无

穷序列：

$$P^{(n\infty^\infty)}, P^{(\infty^{\infty+1})}, P^{(\infty^{\infty+n})}, P^{(\infty^{n\infty})}, P^{(\infty^{\infty^n})}, P^{(\infty^{\infty^\infty})}, \cdots$$

这里我们可以看到"一个概念一步一步地辩证形成的过程".

　　这个序列的产生,事实上已经意味着一个特殊的新概念——超穷数——正在形成.但康托尔并没有点明这一点.当时他还不愿意对他的新创造赋予任何特殊的真实含义,相反,他使用"无穷符号"来描述它们,直到写作《基础》之前,它们一直没有被赋予更丰富的内涵.超穷也好,无穷符号也好,在当时都不过被当作一种可以借以确定和识别导集的有用的附加物而已.

　　康托尔期望通过高阶导集概念来刻画第二型集,那些新的无穷符号对于这一目标或许是充分而必要的工具.从早期工作所遭受反对的经验中,康托尔认识到对于他所引进的新概念必须格外小心,与其将任何其他的真实性赋予无穷符号,不如说它们的真实性是建立在导集本身的真实性基础之上的.因此康托尔指出,这些无穷符号既不是任意的标记,也不是空洞的符号,而是以一种自然的方式辩证产生的具有真实性的概念,而这种真实性是基于导集本身的真实性的.显然,在这里康托尔就已经开始准备为他的超穷数的合理性而斗争了.但是在1880年的这篇文章中,康托尔并没有阐明新概念在数学和哲学中的合理性,直到写作《基础》时,这方面的思想才得以系统化.相对而言,第二篇文章可以说是康托尔谨慎和克制的一种反映.

　　康托尔1882年发表的第三篇文章,超出了线性点集的限制,为了得出一些有价值的结论,康托尔将前两篇文章中的一些结果推广到高维域,导集、势、处处稠密等在任意维数的域中都有相应的概念.文章将势的概念推广为更一般的良定义集的属性来考虑.

　　势的概念——作为特殊情形,它包括作为数论基础的整数概念——应当看成集合的最一般的特征,绝不应把它局限于点集范围,而应作为每个良定义集的属性来考虑,无论这个集合所包含的元素可能具有什么概念性特性.

　　那么,如何确定一个集合是良定义集(well-defined set)呢? 康托尔给出如下定义:

　　任何域上的一个集合称为良定义的,如果它的元素在这一定义和排中律的基础上被认为是本质上确定了的,同时,任何属于同一概念范围的对象是否属于这一集合,以及两个形式上不同的对象是否彼此相等都是本质上确定了的.

康托尔解释了他的所谓"本质上确定了的"含义,这是以"完善的方法"为前提的.例如康托尔认为 1882 年林德曼(C. L. F. Lindemann)对于 π 不是代数数的证明就是"完善方法"的例子,而代数数的集合是本质上确定了的.又如,就目前的知识而言还不能完全刻画满足费马(P. de Fermat)定理的那些数的集合,但这也是本质上确定了的.

在确定良定义集的问题上,还看不出康托尔早期思想中有较强的柏拉图(Plato)主义倾向,但康托尔后来的著作却表现出明显的柏拉图主义立场.

对于良定义集,势的概念的提出是十分自然的.对一般的点集,康托尔重申,无论它的维数是多少,其势都可以只用线性点集的势来确定.他认为,"势的概念是一个伟大的统一者"."如果仅仅坚持数学特性,而撇开其他的概念特性,这里所给出的集合理论,包括算术、函数论和几何,它们被势的概念统一在一起.即可以以相同的观点、相同的标准考虑连续和不连续的问题."

康托尔集中讨论了无穷集合的势,给出如下几个定理:

定理 I　一个可数无穷集的每个无穷子集仍是可数无穷集.

定理 II　有穷个或可数个可数无穷集的并集仍是可数集.

定理 III　在一个 n 维的、无穷的连续空间 A 中,假设无穷多个 n 维的、连续的子域(a)被确定,它们彼此不相交或至多接触到边界,则这些子域的总体总是可数的.

什么是离散和连续域之间的基本区别呢?早在 10 年前,康托尔就与狄特金对空间连续性的传统见解给予了批判.他们认为,传统的连续性概念大多来自某种直观认识,那种通过观察明显的连续运动而接受空间连续性的观念,其可靠性是很值得怀疑的.康托尔指出,连续性公理使得算术与几何联系起来,但还不能纯算术地确定直线上的点和几何空间的物质实点之间的一致.对于空间中每个点恰好由三维空间的实数 X,Y,Z 给定的连续性假定,完全是对三维纯算术连续统和现象世界的空间之间的映射的一种抽象.因此,连续性仅仅是思维中理智的自由创造,不能保证恰好与现象空间的真实性相一致.数学家在维数问题上过分依赖直觉,但在严格的数学中,直觉只起一个向导的作用.一个人不能期望从几何中理解到更多有关连续统的性质,而应当依靠纯算术的结果.究竟什么是连续性的判别特征?康托尔急切地渴望进一步解决这个在他头脑中萦绕多时的重要问题.

康托尔的第四篇系列文章发表于1883年,这是《基础》出版之前的最后一篇文章,专门讨论了新集合论在函数论方面的一些应用.尽管在这篇文章中康托尔做了一些工作,但对连续性问题仍未取得任何真正的突破.

为了便于集合的分类,康托尔用 $P \equiv P_1 + P_2 + \cdots$ 代替 $P \equiv \{P_1, P_2, \cdots\}$ 的分解,于是对于 $Q \subseteq P$,有 $R \equiv P - Q$ 且 $P \equiv Q + R$.进一步,他引进了孤点集的概念,用 $D(Q, Q') \equiv 0$ 表示.

一个集合称为孤点集,如果它不含任何极限点.

给定任何集合 P,一个孤点集可从 P 中去掉 $D(P, P')$ 来简单得到.即 $Q \equiv P - D(P, P')$.于是有 $P \equiv Q + D(P, P')$.

由此康托尔直接得出如下定理:

定理 I　任何孤点集是可数的.

定理 II　如果点集 P 的导集 P' 是可数的,则 P 本身可数.

定理 III　任何第一型的 n 类点集是可数的.

定理 IV　每个使 $P^{(\infty)}$ 可数的第二型点集本身也是可数的.

定理 V　对任何指标 $\alpha > \infty$,每个使 $P^{(\alpha)}$ 可数的第二型集本身也是可数的.

定理 VI　如果 P 是不可数点集,则 $P^{(\alpha)}$ 不仅对 α 为有穷数时是不可数的,而且当它为无穷符号时也是不可数的.

1880年到1884年间,《数学年鉴》上刊登了大量有关集合论方面的文章,除了康托尔的,还有其他数学家撰写的.其中有一些数学家对康托尔的可除容度理论感兴趣,并将其应用到微积分的某些定理的推广上.

一个点集 P 称为可除容度集(negligible content set),如果它的元素可以被一些区间 (c_v, d_v) 围住,且这些区间的长度之和可任意

小,即

$$\lim \sum \mid d_v - c_v \mid = 0$$

对于可除容度集,康托尔还提出如下结论:

如果一个包含在区间 (a,b) 中的点集 P 的一阶导集 P' 是可数的,则 P 是一个可除容度集.

魏尔斯特拉斯曾说,康托尔关于可除容度的理论证明了黎曼积分的不足和建立一种更一般的积分理论的必要.康托尔的工作使人们对点集的特性及其应用产生更大的兴趣,从而使函数分析的理论也取得了一些重要进展.

两年间,康托尔写出了关于无穷线性点集系列文章的前四篇,到1882 年年底,第五篇文章也已经完成.其中有当时最为详尽的关于集合论结果的综述.康托尔急切地希望自己花了 10 年时间思考的问题有一个满意的解答,并尽早将结果公之于世.他担心自己的著作遇到不测,年底他几乎天天写信给《数学年鉴》的主编,要求尽快发排,甚至亲自前往印刷厂督促出版工作.1883 年,《基础》终于问世了,它确立了康托尔在数学界的地位,而且使那些曾与他势均力敌的对手们感到相形见绌.《基础》是康托尔关于早期集合理论的系统阐述,也是他做出具有深远影响的特殊贡献的开端.

五　康托尔《集合论基础》中的数学

　　《集合论基础》(以下简称《基础》)的出版,是康托尔数学研究的里程碑.《基础》不仅超出了他早期关于线性点集的研究范围,而且开拓了数学探索的一个全新领域,康托尔有希望在其中取得累累硕果.当然,同时伴随而来的将是一系列的争论,然而,《基础》毕竟是一个良好的开端.

　　一些数学家评价康托尔的《基础》,无论在数学方面还是哲学方面都做出了重要贡献,这当然是一种较友好的态度.而另一些反对在数学中使用实无穷的数学家则对《基础》中的思想持完全否定态度.当米塔格-莱夫勒建议从《基础》中选出一部分译成法文发表时,他认为《基础》的价值仅仅在于它的数学内容,经康托尔同意,法文译文中没有包括有关哲学的章节.

　　本章集中介绍《基础》中的数学内容,同时介绍无穷线性点集系列文章之六.下一章将详细介绍康托尔对超穷集合论的哲学见解.尽管如此,我们不应忘记,康托尔的数学和哲学思想是紧密相联的.

　　《基础》的主要成果是引进了作为自然数系的独立和系统扩充的超穷数.康托尔清醒地认识到,他这样做是一种大胆的冒进:"我很了解这样做将使自己处于某种与数学中关于无穷和自然数性质的传统观念相对立的地位,但我深信,超穷数终将被承认是对数概念最简单、最适当和最自然的扩充."

　　以往,数学家在变量的意义下使用无穷,或者把它作为一种超过所有界限的递增过程,或者看成递减到任意小的过程.在这些过程中,只保留了有穷量,而那种完成了的无穷,或称实无穷,是完全被排斥的.但是,康托尔在《基础》中引进了实无穷数的一种连续的、无尽的序列,并且它们具有可确定、可彼此区分等数论性质.他期望所引进的这些称之为超穷数的新数能像无理数、复数那样,最终被数学家所接受.

在引进超穷数之前,康托尔给出了潜无穷和实无穷的重要区别.在微积分中,作为基本概念,无穷曾被当作一种变量使用,康托尔称之为"无穷的杰出应用".但尽管极限包含在超过任何确定界限的一个变量中,却从未被当作一种完成了的最终的结果,是一种潜无穷.这种潜无穷也是一种"不适当"的无穷.与此相反,康托尔区分了另一种无穷,"适当的"或称实无穷.他认为最好的实无穷的例子就是 1882 年他第一次引进的超穷数,尽管作为数,它们还有不成熟甚至意义不确定的缺陷,几年前康托尔也没有确认它们是具有真实意义的具体的数,但是现在他认识到,这些超穷数在数学意义上与有穷整数具有同样的真实性.

借助超穷数,康托尔还能够更精确地定义势的概念.先前,他虽然很清楚,在无穷集中最小的势是自然数可数无穷集的势,但却不能简单地、自然地定义出更高阶的势.直到《基础》问世,他才能够准确地确定超过可数无穷的那些势,超穷数弥补了过去的不足.这是向更深刻地描述一般无穷集合的势迈出的第一步.

康托尔指出,自然数序列 $1,2,3,\cdots$ 是从 1 开始,通过相继加 1 而产生的.他把这种通过相继加 1 定义有穷序数的过程概括为"第一生成原则".将全体有穷整数集合称为第一数类,用(Ⅰ)表示,显然其中无最大数.但康托尔认为,用一个新数 w 来表示它的自然顺序没有什么不当之处,这个新数 w 是紧跟在整个自然数序列之后的第一个数——第一个超穷数.从 w 出发运用第一生成原则,可以得到一个超穷数序列:

$$w,w+1,w+2,\cdots,w+v,\cdots$$

这个序列没有最大数,可以用 $2w$ 表示它的顺序.继续使用第一生成原则,有

$$2w,2w+1,2w+2,\cdots,2w+v,\cdots$$

在这一过程中,可以把 w 看成自然数(单增序列)的一个永远达不到的极限,但在这里,康托尔仅仅为了强调 w 是作为紧跟在全体自然数

$n \in \mathbf{N}$ 之后的第一个序数,它超过所有自然数 n. 而这一过程运用的是第二生成原则:

给定任意实整数序列,如果其中无最大数,则可由第二生成原则产生一个新数,它作为这个序列的极限,定义为大于此序列中所有数的一个后继.

反复应用两个生成原则,总能不断产生新数,而且每个新数又都有一个确定的后继,可一般地如下表示这些新数:

$$v_0 w^u + v_1 w^{u-1} + \cdots + v_u$$

它们的全体构成第二数类,记为(Ⅱ).

如果没有限制地继续下去,似乎不存在第二数类的最后元素,于是康托尔又给出第三生成原则,它可以在超穷数序列中产生一种自然中断,使第二数类(Ⅱ)有一个确定的极限,从而可以和更高阶的数类相区分.

定义 第二数类(Ⅱ)是所有数 α 的集合:

$$w, w+1, \cdots, v_0 w^u + v_1 w^{u-1} + \cdots + v_u, \cdots, w^w, \cdots, \alpha, \cdots$$

这些 α 是经由第一、第二生成原则产生的,且 α 以前的所有数构成一个与第一数类(Ⅰ)等势的集合.

《基础》中引进的超穷数与康托尔早些时候给出的"无穷符号"显然是有区别的. 超穷数要想在确定集合的势和解决连续统的势中起作用,就不能像先前那样用点集的术语定义它们,康托尔选择用 w 代替 ∞,是为了强调超穷序数是一种实无穷,是被看作像实数那样具有真实数学意义的数. 从 ∞ 到 w 的变化,反映了康托尔头脑中的超穷数概念从符号过渡到真实的数的转变.

一旦限制原则引进,就可以考虑数集的顺序和它们的势. 康托尔指出,第一数类(Ⅰ)和第二数类(Ⅱ)的重要区别在于(Ⅱ)的势大于(Ⅰ)的势. (Ⅰ)和(Ⅱ)的势分别称为第一种势和第二种势.

设 $\{\alpha_v\}$ 是第二数类的任何一个可数无穷数集,即它与第一数类等势. 康托尔证明必存在第二数类中的数不属于 $\{\alpha_v\}$. 如果 $\{\alpha_v\}$ 中有最大元素,例如用 γ 表示,显然由第一生成原则,$\gamma+1$ 即所需的数. 令人感兴趣的是 $\{\alpha_v\}$ 中无最大数的情形. 但这时仍可断定存在一个 $\beta \in (Ⅱ)$,使得 β 大于 $\{\alpha_v\}$ 中所有的数,此外对每个 $\beta' < \beta$ 必定能够找

到 $\{\alpha_v\}$ 中的数大于 β'.

首先可以取 α_{k_2} 作为 $\{\alpha_v\}$ 中第一个大于 α_1 的数,取 α_{k_3} 作为第一个大于 α_{k_2} 的数,……如此下去,产生两个序列:

$$1 < k_2 < k_3 < \cdots < \cdots$$
$$\alpha_1 < \alpha_{k_2} < \alpha_{k_3} < \cdots < \cdots$$

其中当 $v < k_\lambda$ 时,有 $\alpha_v < \alpha_{k_\lambda}$.

考虑大于 1 而小于 α_1 的全体整数的集合;大于或等于 α_1 且小于 α_{k_2} 的全体整数的集合;大于或等于 α_{k_2} 且小于 α_{k_3} 的全体整数的集合……康托尔断定,每个这样的集合都是可数的,同时这些集合的并集也是可数的,因而它们具有第一种势. 于是由 (Ⅱ) 的定义,总存在一个确定的数 $\beta \in$ (Ⅱ),它大于任何一个 α_{k_λ},同时也必定超过任何一个 α_v. 由于 k_λ 总能够取得大于任何给定的 v,因而有 $\alpha_v < \alpha_{k_\lambda} < \beta$. 类似地,对任何 $\beta' < \beta$,可以确定 $\{\alpha_v\}$ 中的元素 α_{k_λ},使得 $\beta' < \alpha_{k_\lambda}$.

整个证明依赖于第二生成原则,它保证对仅由 (Ⅰ) 中元素构成的一个可数集,必定存在一个 $\beta \in$ (Ⅱ),它超过这个集中的任何数,于是可得 (Ⅱ) 的势必大于 (Ⅰ) 的势. 那么它是否为紧跟在 (Ⅰ) 的势之后的势呢? 还可能存在其势介于它们之间的集合吗?

在《基础》的第十三章康托尔指出,事实上,第二数类的势就是紧跟在 (Ⅰ) 的势之后的势. 他给出如下定理:

定理 如果 $\{\alpha'\}$ 是由 (Ⅱ) 中的元素构成的一个集合,则只可能有以下三种情形:$\{\alpha'\}$ 是一个有穷集;或者 $\{\alpha'\}$ 具有第一数类的势;或者 $\{\alpha'\}$ 具有第二数类的势.

证明需要引进第三数类 (Ⅲ) 的初始元素,用 Ω 表示,显然第二数类中每个数 α' 都小于 Ω. 康托尔考虑对 (Ⅱ) 中元素构成的集合按其大小用第二数类中的数排序,即有 $\{\alpha_\beta\}$,$\beta = w, w+1, \cdots$. 对所有 β,有 $\beta < \alpha_\beta$,由于 β 是从第二数类中选出的,因此只有三种可能:

或者 $\beta < w + v$,这时 $\{\alpha'\}$ 由 v 的值可确定为有穷的;或者 β 能够取遍 $w + v$ 的所有值,但保持小于第二数类中某个指定的数,这时 $\{\alpha'\}$ 显然具有第一种势;或者 β 能够取遍第二数类中所有的值,这时 $\{\alpha_\beta\}$ 即 $\{\alpha'\}$ 将具有第二数类的势.

定理有两个直接推论:

　　给定任何具有第二数类的势的良定义集 M,M 的任何子集 M' 或者可数,或者与 M 等势.

　　给定任何具有第二数类的势的良定义集 M,M 的子集 M' 以及 M' 的子集 M'',如果 M'' 能与 M 一一对应,则 M' 也能.

　　在康托尔引进超穷数及其相应的超穷算术的过程中,一个基本要素就是良序集的概念.

　　定义　给定一个良定义集,如果它的元素按确定的顺序排列,依照这个顺序,存在这个集合的第一个元素,而且对每个元素都存在一个确定的后继,除非它是最后一个元素.这样的集合称为一个良序集.

　　按照定义,自然数集是典型的良序集,而由于第一、第二数类和更高阶数类的形成方式与自然数集类似,因此整个超穷数集合应是自然良序的.良序集概念对于区别有穷和无穷集是起着重要作用的.为此,康托尔还引进了一个无穷良序集的编号的概念(numbering),它表示给定集合中元素出现的顺序.康托尔在《基础》中指出,这个新概念赋予超穷数一种直接的客观性.换言之,超穷数的客观实在性基于良序集的存在,这些良序集的顺序通过各种超穷数类表示.康托尔证明,给定任何可数无穷的良序集,总存在一个第二数类中的数能够唯一地表示它的顺序或编号.从一个简单的可数集 $\{\alpha_v\}$ 出发,可以产生不同的良序集,例如:

$$\{\alpha_1,\alpha_2,\cdots,\alpha_v,\alpha_{v+1},\cdots\}$$

$$\{\alpha_2,\alpha_3,\cdots,\alpha_{v+1},\alpha_{v+2},\cdots;\alpha_1\}$$

$$\{\alpha_3,\alpha_4,\cdots,\alpha_{v+2},\alpha_{v+3},\cdots;\alpha_1,\alpha_2\}$$

$$\{\alpha_1,\alpha_3,\cdots;\alpha_2,\alpha_4,\cdots\}$$

　　两个良序集称为相似的或同编号的,如果这两个集合的元素在任何情况下都能建立保序的一一对应.即如果一个集合中有 $\alpha'_n<\alpha'_m$,则第二个集合中相应的元素也有同样关系.

　　给定任何第一或第二数类中的数 α,按照自然顺序选出先于 α 的所有元素,则所有与之相似的良序集的编号由 α 唯一确定.例如,以下三个良序集:

$$\{\alpha_1,\alpha_2,\alpha_3,\cdots,\alpha_v,\alpha_{v+1},\cdots\}$$

$$\{\alpha_2,\alpha_1,\alpha_4,\cdots,\alpha_{v+1},\alpha_v,\cdots\}$$

$$\{1,2,3,\cdots,v,\cdots\}$$

具有相同的编号,由定义,这个编号为 w. 类似地,如下良序集:

$$\{\alpha_2,\alpha_3,\cdots,\alpha_v,\cdots;\alpha_1\}$$

$$\{\alpha_3,\alpha_4,\cdots,\alpha_{v+1},\cdots;\alpha_1,\alpha_2\}$$

$$\{\alpha_1,\alpha_3,\cdots;\alpha_2,\alpha_4,\cdots\}$$

的编号分别为 $w+1,w+2$ 和 $2w$.

康托尔通过数和编号的区分,给出了关于有穷和无穷集不同性质的新见解. 对于一个给定的有穷集,不管元素怎样排列,编号总是相同的;然而有趣的是,对于无穷集,具有相同的势的集合可由不同的良序产生不同的编号,尽管在这种情况下元素的个数是相同的. 因此,集合的编号完全依赖于集合元素所选取的顺序. 集合元素的个数与排列顺序之间有如下的关系.

第一类数无论以怎样的次序排列,只要它们是良序的,则其编号总是第二数类中的数. 反之,对于第二数类中任何数 α,第一类数的集合可以按照编号 α 排序. 对势和编号之间的这种关系,康托尔表述如下:

每个第一类数的集合,可以通过第二数类中的数,而且仅可通过第二数类中的数表示其顺序. 事实上,这个集合总可以通过任意给定的第二数类的数排列,而这个数则给出了这个集合在这一排列下的编号.

对于更高阶的数类,有类似的结果,每个第二数类的良序集能够通过第三数类的数确定顺序,如此等等.

如康托尔强调的,有穷集的势和编号的概念是一致的,但对于无穷集,势和编号之间的区别则是重要的. 尽管势的概念是独立于编号的,但仍存在无穷集的势和编号之间的联系,因为任何具有可数势的良序集,它的编号总是由第二数类中的一个数唯一确定. 这表明超穷数、编号和数类之间的统一,这是康托尔新理论的一个令人满意的和谐特征,这种和谐显然来自良序集的特性. 编号概念毕竟是计数概念的一种推广,一个无穷集的编号由康托尔的一个超穷数给定,一旦承认了这种解释,康托尔断言超穷数就会像有穷数那样可靠了,"只要有穷数的存在被确认,无穷的存在就绝不应被否认".

良序概念还提供了定义超穷数算术必不可少的基础.康托尔不相信超穷数的算术规律是可以任意确定的,是可以依靠某种抽象从头脑中臆造的,而认为作为自然数的相容扩充,超穷数必定具有令人满意的数论性质.

两个超穷数 α 和 β 的加法用两个无穷良序集 M 和 M_1 来定义:

设 α 和 β 分别表示集合 M 和 M_1 的编号, α 与 β 的和将通过良序集 $M+M_1$ 的编号确定. $M+M_1$ 是在 M 的元素序列后接上 M_1 的元素序列构成的集合.康托尔告诫我们,对于无穷集合,加法运算是不可交换的.例如:

$$1+w=(1,1,2,3,\cdots)\not=(1,2,3,\cdots,1)=w+1$$

而结合律自然成立,即 $\alpha+(\beta+\gamma)=(\alpha+\beta)+\gamma$

乘法可类似地定义,给定一个编号为 β 的良序集,用编号数为 α 的元素取代它的每个元素,就是以 β 为乘数、α 为被乘数的乘积 $\beta\cdot\alpha$.例如,如果 $\beta=w,\alpha=2$,则

$$\beta\cdot\alpha=(1,\ 2,\cdots,v,\cdots)\cdot\alpha$$
$$=(a_1,b_1,a_2,b_2,\cdots,a_v,b_v,\cdots)$$
$$=w$$

另一方面,

$$\alpha\cdot\beta=(a_1,b_1)\cdot\beta$$
$$=(1,2,\cdots,v,\cdots;1,2,\cdots,v,\cdots)$$
$$=w+w=2w$$

显然,超穷数的乘法也是不可交换的,结合律仍然满足.

如果希望将超穷数作为有穷数的相容扩充,它们的代数行为和算术特性就是需要考察的重要问题,如何定义超穷数加法和乘法的逆运算? 超穷数是否满足域的条件?

可以通过两种方法考虑减法.给定任何一对超穷数 α 和 $\beta,\alpha<\beta$,等式 $\alpha+\xi=\beta$ 对于 ξ 总有唯一解,它可能是第一数类或者第二数类的数,于是可以定义 ξ 即 $\beta-\alpha$.

另一种考虑是从运算的不可交换性着手,等式 $\xi+\alpha=\beta$ 对于 ξ 往往没有解(例如,对于 $\xi+w=w+1$ 没有 ξ 的解,唯一解更谈不上),也可能 ξ 有解且有无穷多个解.在所有这些解中,总存在一个最小的,用

$\beta_{-\alpha}$ 表示,它一般是不等于 $\beta-\alpha$ 的.

对于除法,可作类似处理. $\beta=\xi\cdot\alpha$ 的解总是唯一的,可定义 $\xi=\dfrac{\beta}{\alpha}$. 另一方面, $\beta=\alpha\cdot\xi$ 可能有无穷多个解,其中最小的一个用 $\xi=\dfrac{\beta}{\alpha}$ 表示.

于是康托尔证实了他在《基础》的开头提出的论断,超穷数是明确定义了的,而且具有数论的性质,尽管它们的算术规律有不同于有穷算术之处,特别是不可交换性.但这并没有不可接受之处,要紧的倒是康托尔已指出的,能够不矛盾地建立超穷数的算术定律,而且证明了不仅加法、乘法是基本运算,它们的逆运算也是基本运算.这些基本运算的引进,至少使超穷数理论在主要点上达到了一定的高度,并获得了某种可接受性.

发表在《数学学报》上的《基础》的德文译文,其中有一章是关于连续统的研究.康托尔认为,对所有科学的进展起重要作用的是连续性这个可接受的概念,它的本质和特性总是引起激烈的争论,但从没有人给出确切的、完全的有关连续性的定义.

例如,亚里士多德和伊壁鸠鲁(Epicurus)关于连续性统一体就阐述过正相反的见解.亚里士多德及其追随者认为,一个连续性统一体是由无限可分的部分组成的,而伊壁鸠鲁发展了原子论,认为连续性统一体是由可被想象为有穷整体的原子合成的.康托尔指出,传统的连续量提供了对连续统的直观认识的基础,这种直观后来导致了在函数分析理论中起重要作用的连续函数概念,而且还产生了具有某些特殊性质的函数,如处处连续而处处不可微函数.

康托尔发现,人们普遍利用时间和空间来阐明人们头脑中的连续性观念,但依他之见,这种直观观念是不能被接受的.连续统是独立于时间的连续性的,时间的连续性不过是自然界中制约运动的一种附属概念.康托尔早就指出过,在空间中,运动的连续性是完全可能的,但在接受空间一词时,绝不意味着同时接受了连续性.他不准备接受借助时间和空间连续性的直觉分析得出的关于连续统的任何结论.康托尔甚至否定抽象时间在自然界中的客观实在性.他拒绝在动力学中将时间作为运动的一种基本度量(却提出运动可作为时间的度量)的观点,他断言,作为主观的直觉的形式,空间和时间对于连续性的思考和严格的分析不起任何作用.

康托尔将他关于导集的研究运用到连续统的分析中,提出了关于连续性的新见解.对任何集合 P,如果它的一阶导集 P' 是不可数的,则 P' 总可写成 $P' \equiv R + S$ 的形式.其中 S 是一个在导集运算下不变的完备集,而 R 是有穷集或可数集.将这一结果运用到连续统上,康托尔得出连续统是一个完备集.但完备集可以被构造成无论在多么小的区间内都不稠密的集合.为了说明这点,康托尔给出了最著名的三分集的例子:

考虑所有如下定义的数 z

$$z = \frac{c_1}{3} + \frac{c_2}{3^2} + \cdots + \frac{c_v}{3^v} + \cdots$$

其中 c_v 取值 0 或 2.康托尔由此引入了一个很有启发性的集合,它是连续区间内的一个不稠密的完备集,而且它不含任何内点,集合中每个点都是一个聚点,同时这个集合本身还是一个不可数无穷集.这个例子表明,完备集不一定是连续的.因此要完全刻画连续统还需要进一步的概念,康托尔认为所需的是连通性概念.

定义　如果对于一个点集 T 中任何两点 t 和 t',总存在有穷多个 T 中的点 $t_1, t_2, \cdots, t_v$,使得距离 $\overline{tt_1}, \overline{t_1 t_2}, \cdots, \overline{t_v t}$ 都小于给定的任意小的数 ε,则称 T 是一个连通的点集.

连通性基本上是与处处稠密性等价的,它描述了连续统的度量性质,使用它康托尔可以离开先前不得不引进的处处稠密的概念,并由此得出一个结论:

一个点集是连续的充分必要条件是,它是完备的和连通的.康托尔由此宣称,他找到了有关连续性本质的精确定义.

尽管在《基础》中已经对连续统的特性做了较深入的分析,但是连续统的基数问题仍未解决.康托尔希望能寻找到一种证明,用来建立连续统假设,即连续统的势恰好是第二数类的势.康托尔认为获得这样一个证明十分有用,因为由此可得所有无穷点集或者具有第一数类的势,或者具有第二数类的势.还可以得出,由无穷级数表示的一元或多元函数的集合的势必定等于第二数类的势,所有分析函数或所有用三角级数表示的函数集合也具有第二数类的势. 但是《基础》未能解决这些问题中的任何一个, 以后的几年里, 康托尔继续努力建立连续统假设的证明, 继续寻求对连续性更系统、更深入的分析.

在《基础》中康托尔已经指出完备集对于刻画连续统的构造特性的意义, 但他并没有暗示它还有助于对连续统的势的分析. 在关于线性点集的系列文章之六中, 康托尔引进了完备集的这一重要的也更独特的性质. 完备集被定义为与其一阶导集相等的那些集合, 即 $S = S'$. 可数集合不可能是完备集, 因为可数集合的极限点并不都是这个集合的元素. 由于连续统是一个完备集, 康托尔认识到, 如果能够证明任何完备集都具有第二数类的势, 则连续统假设就能够证明了, 在系列文章之六中, 康托尔曾允诺, 下面我将给出线性连续统具有第二数类的势的证明. 但是不幸的是, 自从 1884 年夏天康托尔开始致力于这一目标的实现以来, 在《基础》和整个系列文章中从未给出过一个令人可接受的证明. 显然这一目标太高了, 它不是轻易能够达到的.

事实上, 康托尔除了"猜想"连续统假设为真外, 未能得出任何实质性的结论, 但在寻求这一问题的解的过程中, 却阐述了他对数学的新见解, 它们丰富和改造了数学. 尽管在引进超穷数的过程中, 康托尔经受了一系列挫折, 但超穷集合论的建立毕竟在数学史上引起了一场革命, 并且它不是在最初意义上的变革, 而是在推翻旧的对实无穷的传统观念的意义上的一场革命. 从而, 康托尔的超穷数对那些关心无穷问题的哲学家和神学家来说也同样是一场革命. 正如下一章指出的, 康托尔后来深深地陷入对他的新理论的形而上学和宗教意义方面的研究中. 康托尔确信, 他的新发现不仅对于纯数学的未来发展是必要的, 而且集合论可以用来使哲学更精练, 使神学更令人信服.

六 康托尔的无穷的哲学

在《集合论基础》中,康托尔使哲学成为数学的平等伙伴. 1883年,这一著作的德文版出版了. 康托尔为此写了简短的前言,其中特别强调了它的数学部分和哲学部分是不可分割地联系着的. 在康托尔看来,《基础》不单纯是对于新的超穷集合论的严格的数学阐述,它也第一次公开地为实无穷这一受到大多数数学家、哲学家和神学家长期反对的概念提供了辩护.

自前苏格拉底(Socrates)时期最早揭示出无穷的多种矛盾形式以后,哲学家一直对无穷持谨慎态度. 他们通常采用亚里士多德的解决方法,即对实无穷的使用持简单的否定态度. 大部分基督教神学家也反对实无穷概念,他们认为这一概念是对上帝特有的绝对无穷的本性的直接挑战. 而数学家通常也追随哲学家避免对实无穷的任何使用,这主要是因为这些概念似乎经常会导致明显的矛盾. 高斯(Gauss)在给舒马赫(Heinrich Schumacher)的著名信件中就曾以十分坚决的口气表明了他的见解:

"我反对把无穷量当作一种完成的实体来使用,这在数学中是绝对不允许的,无穷不过是谈及极限时的一种说话方式而已."

康托尔清楚地意识到,他的超穷数和超穷集合论面临着传统见解的反对.《基础》的目的之一就是论证这种对于完成了的、实无穷的反对是毫无根据的. 他希望以一种无可反驳的方式来对高斯那样的数学家、亚里士多德那样的哲学家以及托马斯·阿奎那(Thomas Aquinas)那样的神学家做出答复. 在这一过程中,康托尔不仅考虑了由他的超穷数所引起的认识论问题,还阐明了与之相伴随的形而上学问题.

康托尔相信,反对在数学、哲学和神学中使用实无穷,是基于一种广泛流传的错误见解.康托尔认为,无论数学家过去曾经做过什么样的假定,我们都不应认为有穷的性质可以适用于无穷的各种情况,而又正是这种不加限制的推广导致了种种矛盾和误解.

亚里士多德只承认有穷数的存在.他和经院哲学家使用的一个典型论据是,如果承认无穷,就会导致有穷数的"湮灭".例如,给定任意两个大于 0 的数 a 和 b,它们的和 $a+b>a$,$a+b>b$;但如果 b 是无穷的,则无论 a 取何值都有 $a+\infty=\infty$,而这显然与众所周知的两正数相加的基本性质相悖.正因为如此,无穷数就被认为是不相容的东西而遭到了排斥.

康托尔认为上述的论证是不能被接受的.因为其中包含了这样的谬误,即假定了无穷数必须遵循有穷数算术的规则.另外,通过直接应用他的超穷序数理论,康托尔还表明了有穷数完全能够不被"湮灭"地加到无穷数上,如 w 与 $w+1$ 的区分就清楚地表明可以用有穷数来对无穷数进行"修正".从而,在康托尔看来,亚里士多德关于无穷的分析就是十分错误的.

除去亚里士多德和经院哲学以外,康托尔还对 17 世纪一些最有影响的思想家,如洛克(Locke)、笛卡儿(R. Descartes)、斯宾诺莎(Spinoza)、莱布尼茨(G. W. Leibniz)、霍布斯(T. Hobbes)和贝克莱(Berkeley)等人的著作进行了研究.他把当时普遍采取的立场概括为:数的概念只能应用于有穷,无穷或绝对则唯一地属于上帝.在洛克及斯宾诺莎等人看来,绝对意义上的无穷犹如上帝一样是不可理解的,因此任何想要确定与潜无穷不同的无穷量的企图都是注定要失败的.就像对于亚里士多德的批评一样,康托尔认为上述结论事实上也依赖于"循环论证",即不适当地假定了无穷数必须服从有穷数的规则.

尽管康托尔有时给人的印象是,他是第一个,也是唯一的认真看待实无穷的数学家,但他还是从他的两个前辈那里得到了一定的启示:莱布尼茨和波尔查诺都曾对实无穷在数学和哲学中的重要性进行过分析,从而在无穷概念的历史发展中占有重要地位.

　　莱布尼茨在不同场合似乎对无穷有着不同的看法. 正如康托尔在前言中指出的, 莱布尼茨经常否定对绝对无穷的任何信仰; 但在一些场合却又指出了实无穷和绝对无穷之间的重要区别. 正像下面一段话所表明的, 康托尔很高兴能把莱布尼茨称为实无穷的支持者: "我如此喜爱实无穷, 以致非但没有理所当然地厌恶它, 而且认为它在自然界中的任何地方都经常被用到, 这十分有效地显示了造物主的尽善尽美. 例如, 我相信物质的任何一个部分都是实际地可分的, 从而即使是物质的最小微粒也应被看成一个充满无穷多个不同造物的世界."

　　在这以后康托尔还曾进一步发展莱布尼茨的这一思想, 以消除某些人因康托尔的超穷数与无穷的神学解释之间的冲突而产生的疑惑.

　　与莱布尼茨不同, 波尔查诺是实无穷的坚定拥护者, 康托尔特别赞赏波尔查诺关于实无穷是可以无矛盾地引进数学的思想. 康托尔将波尔查诺 1821 年发表的《无穷的悖论》("Paradoxiendes Unendlichen")看成对数学和哲学的重要贡献. 此外康托尔对他的研究也提出了批评, 认为他关于实无穷的概念在数学上是不够清楚的, 势的概念及序数的概念也未能得到发展. 但康托尔仍然对波尔查诺大胆地为数学中的实无穷辩护的精神留下了深刻的印象. 波尔查诺著作的特色之一是关于实无穷与潜无穷的区分.《基础》中也突出强调了这点. 在几年后出版的具有较强哲学色彩的论文中, 康托尔还进一步对那些未能做出这一区分的人的错误进行了分析. 例如, 在给瑞典数学家、历史学家 G. 恩斯特约姆 (Gustar Eaeström) 的信中, 康托尔做了这样的概括:

　　"正像每个特例所表明的那样, 我们可以从更一般的角度引出这样的结论: 所有反对实无穷数的可能性的所谓证明都是站不住脚的. 他们从一开始就期望无穷数具有有穷数的所有特性, 或者甚至把有穷数的性质强加到无穷数上. 与此相反, 如果我们能够以任何方式理解无穷数的话, 倒是由于它们(就其与有穷数的对立而言)构成了全新的一个数类, 它们的性质完全依赖于事物本身的特性, 这是研究的对象, 而并不从属于我们的主观臆想和偏见."

　　康托尔认为, 必须不含任何武断和偏见地研究实无穷, 他确信用抽象的数学语言及具体的物理语言所表明的事物的性质都确证了超穷数的存在性,抽象性和实在性之间的这种联系,还为康托尔提供了论证超穷数理论合理性的新的依据.康托尔把对于思维构造与外部世界对象之间关系的研究称为形而上学,例如超穷数的抽象理论的研究是属于数学的范围;而对超穷数如何借助于现象世界的对象获得实现或体现的问题的研究就是形而上学的课题.于是,形而上学在康托尔为确立自己新理论的合法性所作的持续努力中,特别是《基础》发表后的几年里,占据了重要的地位.

依康托尔之见,正像有穷数借助于有穷多个对象的真实集合获得了客观存在性一样,对超穷数也可引出同样的结论,因为它们也是由无穷多个对象的真实集合中抽象出来的.具体地说,超穷数的实在性在物理世界的物质、空间以及具体对象的无穷性中有着自然的反映,从而,我们也就应当肯定超穷数的客观实在性.

1885 年,康托尔在《数学学报》上发表的一篇文章中,有一小段阐明上述思想的话特别有趣.米塔格-莱夫勒曾建议康托尔通过超穷集合论在其他科学中的可能应用来论证新数的合理性.康托尔接受了这一建议,并因此而引进了关于物质和以太性质(这里康托尔借用了莱布尼茨的术语)的两个假设:所有物质的单子的集合具有第一种势;所有以太单子的集合则具有第二种势.康托尔声称存在着许多支持这种观点的理由,但他一条也没有具体地列举和陈述,而只是指出:超穷集合论能为数学物理带来极大的益处,并能够帮助解决包括物质的化学性质,诸如光、热、电、磁等自然现象问题.在康托尔头脑中,超穷数在物理世界中的应用正是表明其真实存在性的直接根据.

康托尔还曾从另一角度论证超穷数的客观实在性.在这一论证中他巧妙地利用了有穷主义的立场.有穷主义者只承认下述类型的论证:"对任意大的数 N,存在一个数 $n>N$";然而康托尔指出,这事实上就假设了所有这样的 n 的存在,它们构成了康托尔称之为超穷的一个完整的、完成了的总体.

一般地说,康托尔认为,他的超穷数理论对于潜无穷的存在性和应用性是绝对必要的,他写道:"任一潜无穷都必然导致超穷,离开了后者,潜无穷是无法想象的."康托尔还曾在更强的意义上强调了超穷数的存在性,即认为变量的域,无论是就代数、数论或分析而言,都必须被看成是实无限的.

上述立场促使康托尔提出另一理由来论证超穷的合理性:一旦实无穷集合的存在性得到了建立,超穷数的存在性就是十分自然的推论.对于这一思想将在下面进一步予以讨论,在此仅想指出,康托尔后来把超穷数看成是借助于抽象由实无穷集合的存在中自然地产生出来的(在《基础》以后,这正是康托尔超穷集合论的最重要的发展之一).例如,康托尔写道:"所谓良序集合的序数,即是指抽去元素的性质而唯一地着眼于其次序关系所获得的一般概念."为了说明这种论证的合理性,康托尔还曾对超穷数和无理数做了类比.他指出,超穷数在某种意义上即为新的无理数,因为超穷数的产生方法与有穷无理数的定义方法是完全一致的.人们可以绝对地断言:超穷数与有穷无理数是同舟共济的,两者的基本性质是相似的,因为前者与后者一样也是实无穷的确定的表达形式.

尽管康托尔确信他的超穷数的客观实在性,并认为这种客观实在性可以通过无穷集的存在上的抽象得到证实,但他并不认为数学家必须考虑或接受这一论证,因为这种证明虽然具有一定的说服力,但却不是本质性的.对于数学家来讲,只有一个检验标准:任何数学理论一旦被认为是相容的,在数学上就是可接受的,此外别无其他要求.康托尔写道:"就新数的引进而言,数学中所必需的仅是给出它们的定义,借助这些定义,赋予新数以这样的确定性,以及在情况允许时,赋予它们以与旧数这样一种关系,使得在给定的情况下,它们可以明确地加以区分.一旦满足了所有这些条件,一种数在数学中就可以,而且必须被认为是存在的和真实的."

康托尔认为,在断定任一新理论的存在,并把它看成数学的一个合法部分之前,必须用逻辑相容性这一试金石对其进行检验.又由于康托尔认为在《基础》中已经确立了超穷数的相容性,因此就不存在任何反对它的理由了.这种强调新数的内在的、观念上的相容性的形式主义观点是所有数学家在接受超穷数理论的有效性之前所必须首先考虑的问题.

康托尔的形式主义观点最典型地反映在他对于无穷小理论的一贯反对上.尽管在不少数学家看来,他的实无穷的超穷数理论实际上支持了无穷大和无穷小的可靠性,但康托尔却明确表达了对无穷小理论的反对,这一反对建立在纯形式的分析之上:小于任意小的有穷数的非零(线性)数是不存在的,因为它与(线性)数的概念特别是与阿基米德(Archimedes)公理相矛盾(在康托尔看来,阿基米德公理并非是公理,而是实数系中的一个可证命题).从而,康托尔认为,无穷小理论就相当于"化圆为方",既是绝对不可能的,也是十分愚蠢的.

康托尔对超穷数合理性的关注从一般意义上讲所涉及的是数学本体论问题,这些问题在《基础》中只是含糊地得到表述,但其后的年代里,随着康托尔的兴趣逐渐转向哲学,他的形式主义思想也逐渐变得明显起来.

康托尔还曾通过大家熟知的并已接受的整数性质的简单分析来进一步加强他对超穷数的哲学论证.康托尔认为,无论就有穷数还是无穷整数而言,在本质上都可以从两种角度去进行分析:一是所谓的内在的真实性,或固有的真实性,即是指在思想中明确定义,从而与思维的其他成分明确地区分的真实性;另一则是所谓的外部的真实性,即指其在物理世界的对象中的具体体现.例如,康托尔指出,整数的内在真实性是十分明显的,而其外部真实性则体现在物理现象世界的过程中.

康托尔认为,数概念的这种思维的和物理的双重真实性总是在一种相互联系的意义上体现的:任何具有内在真实性的概念同时也总具有外部的真实性,而确定这两种真实性之间的联系正是形而上学最困难的问题之一.康托尔把数的这两个方面的必然联系归于宇宙自身的统一性,而这就意味着我们可以单纯地研究数概念的内在真实性,而不必去论证它们的外部的真实性.这就是数学区别于其他科学的地方,而数学也因此获得了这样的独立性,使数学家在进行数学概念的创造时具有极大的自由.也正是基于这点,康托尔提出了他的著名格言:"数学的本质在于它的自由."即如他在《基础》中所指出的:"由于数学区别于其他科学的这一特点,以及由此而得出的关于相对自由性及其研究方法的解释,它特别适用于自由数学的名称,如果可以选择的话,我倾向于用这一名称去取代流行的'纯粹'数学的名称."

于是,在康托尔看来,数学家就可以唯一地依据内在相容性去判断新概念的自由创造和应用可接受性.也就是说,数学就其发展而言是完全自由的,唯一的限制只是它的概念不能包含内部矛盾,也即新概念应源于先前已给出的定义、公理和定理的明确关系.只要新数是明确定义的,与其他类型的数相区别又彼此相异,这种数就应当被看成是存在的.

通过引证数学史上著名人物的工作,康托尔认为,数学已经被证明有权从形而上学的桎梏中得到自身的解放,任何限制或不自然的哲学前提必将延缓,甚至阻碍数学的发展.这事实上就是康托尔对于数学性质的最基本的见解.

在《基础》第Ⅰ部分发表不久,康托尔有一次曾将他的集合论比作一块未开垦的处女地,其中最大的空白是连续统假设.尽管康托尔进行了多次努力,但始终未能证明这一假设.每当一个证明看来已接近完成,总有一些意外发现的错误打破了原来的希望.康托尔为此而陷入深深的苦恼中,与此同时,他还承受着来自克罗内克方面的压力.

康托尔一直强烈地渴望能够在柏林大学或哥廷根大学得到一个适当的位置,因为那里云集着一大批优秀的数学家.1883 年圣诞节前不久,康托尔以为这样的时机终于来到了,因为在他看来,自己是当时的德国唯一能懂得所有数学(老的和新的数学)的人,他认为柏林需要他.从以下信件可以看出康托尔的一个动机:"你很好地理解了我的请求的用意,以前我从未想过最后能真正回到柏林.但是当我得知几年来许瓦尔兹和克罗内克因害怕我回到柏林,一直在实施阴谋,当我最终决定回到柏林后,我就把提出这一申请看作一种责任.我清楚地知道这会带来什么样的结果:克罗内克就会像被蝎子蜇了一样狂跳起来,他和他的预备队将发出号角,以致整个柏林都会认为他们被逐到了遍是狮子、老虎和鬣狗的非洲大沙漠."

尽管康托尔试图激怒克罗内克,后者却对此做出了巧妙的反应.1884 年 6 月,克罗内克写信给米塔格-莱夫勒,要求在《数学学报》上发表一篇短文,以表明他对某些数学概念的立场,其中将证明"现代函数理论和集合论没有任何真正的意义".康托尔对这一事持十分怀疑的态度.他认为,克罗内克企图通过在这一杂志上发表文章以阻止康托尔从《数学学报》获得进一步支持.康托尔提出,如果《数学学报》上出现克罗内克的文章,他就将撤销他对这一杂志的支持.由此可以看出康托尔对他所认为的来自克罗内克的反对他的阴谋是何等敏感.

高度的压力显然超出了康托尔所能承受的限度.1834年春,康托尔第一次经历了严重的精神崩溃.这一疾病的发作十分突然并持续了一个月之久.6月底,他能够给米塔格-莱夫勒写信了,但仍感到精力不济,他向后者表示,不知道什么时候才能继续自己的科学研究.

然而,一旦恢复了精力,康托尔立即回到了集合论的研究中,并直接写信(1884年8月18日)给克罗内克,希望达成某种和解.克罗内克的回信出乎预料的积极,但和解的希望却未能持续多久.尽管康托尔在后来的信件中试图对自己新理论的某些技术细节做出解释,但却始终未能使克罗内克相信超穷数的合理性.1884年10月初,与克罗内克在柏林的会晤使康托尔确信很难使克罗内克摆脱他的狭隘偏见.康托尔认为,只有时间才能显示他的理论的正确性.未能成功地调和与克罗内克的矛盾是造成康托尔在第一次精神分裂症后的几年中对数学逐渐失去兴趣的重要原因之一.

1884年秋,康托尔重新开始了连续统问题的研究.8月至11月,康托尔几度认为已经解决了这一问题,但很快又发现了其中的错误.为了最终解决连续统问题,康托尔引进了一系列新的概念,以对点集进行更精细的划分.然而正是发表这方面结果的努力及其结局标志着康托尔学术生涯中最失意的时期,以致暂时地对数学失去了兴趣.1885年初,康托尔把自己的新思想写成两篇短文投寄给《数学学报》,希望能尽快得到发表.出乎意料的是,3月9日,米塔格-莱夫勒写信给康托尔建议他暂时不要发表:"我确信在你能够提出新的正确结果之前,你的新作的发表将极大地毁坏你在数学界的声誉.尽管我知道对你来说这事实上并无多大区别,但是如果你的理论在这种情况下受到怀疑,就将长期遭受冷遇,甚至在你有生之年,你和你的理论都不能得到公正的待遇.然而很可能在100年以后,这一理论又会由其他人重新提出,继之人们又发现你早已做出了全部工作,那时你才会受到正确的评价.但这样就不会产生任何有意义的影响,而这种影响是任何从事科学研究的人所期望的."

米塔格-莱夫勒把康托尔的工作比作高斯对非欧几何的研究.高

斯在发表他的成果问题上始终迟疑不决,米塔格-莱夫勒认为康托尔的工作也应持同样慎重的态度.他认为目前几乎没有任何数学家能对康托尔文章中的新术语以及不断增强的哲学风格有正确的理解.米塔格-莱夫勒的建议也许是明智的,但康托尔却认为他所考虑的只是杂志的声誉.十余年后追忆那段往事时,康托尔向庞加莱吐露了当时的感受:"我突然明白了,从《数学学报》的利益出发,他一定希望我撤回自己的论文,其中的道理是显然的:即使是1870年以来我所发表的早期著作也从未受到过柏林的权威人士魏尔斯特拉斯、库默尔、博查特(C. W. Borchardt)、克罗内克等人的赞许.如果米塔格-莱夫勒冒险地在《数学学报》上发表我的超穷数理论,就必将在更大程度上危及他那仍然相当年轻,并主要依靠柏林学术界的支持才得以维持的事业."

康托尔对米塔格-莱夫勒拒绝接受他的最新研究成果所感受到的伤害,其程度甚至远远超过了克罗内克的反对以及精神崩溃和未能成功解决连续统问题所带来的痛苦.尽管他从未承认这件事会影响他对米塔格-莱夫勒的尊敬和他们之间的友谊,但两人的关系明显疏远了.康托尔感到,在为超穷数的建立所作的斗争中,他已经被最后一位数学家抛弃了.

1885年末,康托尔在许多方面是失意的.像1878年决定放弃《克莱尔杂志》一样,他决定不再在《数学学报》上发表文章了.同那次一样,他感到受到了人格侮辱.这是他性格上令人遗憾的一个弱点,总是把对自己著作的批评看得过重,而且常常带有极强的感情色彩.由于康托尔曾把米塔格-莱夫勒看成可以依赖的少数几个能得到鼓励和理解的数学家之一,而现在,他认为似乎没有什么理由再去同德国的和其他国家的那些数学家战斗了.再加上在柏林和哥廷根获得位置的希望日渐渺茫,康托尔感到自己作为数学家已经毫无前途,他开始士气衰落,神情沮丧,几乎因此而完全放弃了数学.

收到米塔格-莱夫勒的来信,康托尔立即去电索回了所有在他那里的手稿.其后,康托尔明显失去了对数学的兴趣,把越来越多的时间投入非数学的历史研究,以及哲学和神学方面.康托尔很快在罗马天主教会的神学家那里找到了安慰和支持,这是他在数学家中从未得到过的.

1879 年以来,德国盛行着一种崇高科学思想的社会风气,一些天主教的学者仔细研究着各门自然科学.这和当时的教皇利奥十三(Pope Leo ⅩⅢ)力图使科学的新发现与圣文经典以及教会的权威相调和有着直接联系.利奥十三倡导复兴托马斯主义的哲学.这种新托马斯主义的基本立场可归结为如下观念:当代罪恶是错误哲学的结果.利奥十三指出,科学可以由经典哲学而获益,与此同时,教会还可借此推进自己的理念和目标,而其最终目标则在于使科学与天主教哲学的基本原则相一致.利奥十三对于促进教会的学者积极从事经典和科学的研究有着重要的影响.特别是他的教义还在德国人中激起了这样的兴趣,即如何去调和康托尔关于绝对无穷的理论和天主教的教义.这方面哥德伯累特(C. Gutberlet)的工作是非常重要的.

哥德伯累特是研究哲学和神学的,并在神学院讲授过自然科学.1886 年,他发表了一篇文章,其中援引了康托尔的集合论来为自己关于无穷的哲学和神学性质的观点进行辩护.哥德伯累特意识到,随着康托尔的数学和哲学思想的出现,无穷的研究已进入一个新时期.他主要关注的是数学的无穷对于上帝独有的绝对无穷本性的挑战.他和康托尔就这个问题通了几次信,而这更激起了康托尔对于他的超穷数理论的神学意义的浓厚兴趣.康托尔断言,超穷数并没有削弱上帝的无穷本性,恰恰相反,正是超穷数使之更加至高无上了.哥德伯累特在文章中引用了康托尔的工作为自己关于实无穷存在性的论证进行辩护,因为前者曾受到这样的指责:由于实无穷是自相矛盾的,因此任何支持实无穷的企图都是注定要失败的.颇有兴趣的是,就像贝克莱利用上帝作为外部世界真实性的保证人一样,哥德伯累特也认为上帝确保了康托尔超穷数的存在性.哥德伯累特甚至争辩道,由于上帝的思想是永恒不变的,因此圣明思想的总和必然构成一个绝对无穷的、完成的封闭集合,而这就可看作像康托尔的超穷数那样的概念具有真实性的直接根据.人们或者必须承认实无穷的存在和客观性,或者放弃上帝绝对观念的无穷智慧及其永恒性.

这样,哥德伯累特就从哲学和神学方面激励了康托尔对自己工作的热情,其依据上帝的无穷智慧来论证超穷数的客观可能性的见解对康托尔那样的具有强烈宗教信仰的人无疑有极强的吸引力,而这也是对于康托尔的柏拉图主义观念的一种补充.按照后一种观念,实无穷的合理性是唯一地依赖于理智的无矛盾形式存在于观念的永恒世界之中的.

哥德伯累特并不是教会中唯一对康托尔数学有兴趣的哲学家.这些天主教的学者所关心的一个主要问题是,超穷数究竟是一种"可能"的存在,还是一种"真实"的存在.例如,哥德伯累特就清楚地认识到自己在这点上与康托尔的分歧.哥德伯累特把实无穷看作一种"可能的"存在,即上帝头脑中的一种非物质的存在,但他并不承认具体的客观的超穷.他的这一观点是与他的老师弗兰西林(Johanes Franzelin)相一致的.弗兰西林把康托尔关于超穷数存在于自然中的观点形容为一种危险的立场,认为这是站不住脚的,并在一定程度上包含了泛神论的错误.

然而,康托尔却认为可以通过区分两种不同类型的无穷来消除神学家对于真实的、具体的无穷的怀疑.在1886年1月写给弗兰西林的一封信中,康托尔指出,除了"可能的"与"真实的"区分以外,我们还应注意绝对的无穷与真实的无穷的区分:前者是上帝特有的,后者则是见诸于上帝创造的世界,并以宇宙中对象的实无穷数为其典范.康托尔的解释使弗兰西林主教的立场有所转变,因为在后者看来,做出这种区分之后,康托尔的超穷概念就不再是对于宗教真理的威胁了.

康托尔对弗兰西林的认可颇感自豪,他提醒他的教会朋友们:主教的权威保证了超穷数理论并不构成对宗教的任何威胁.事实上,康托尔认为超穷的真实存在正是上帝的无穷性存在的反映.康托尔还发展起了关于超穷的真实存在的两种论证.其中之一是先验的,即认为基于上帝的至善至美即可由上帝的概念直接导出超穷数创立的可能性和必要性;另一则是后验的论证,这是指仅仅依靠有穷的假定不可能对自然现象做出充分的解释.无论如何,康托尔认为他已经证明了接受真实存在的超穷的必然性,而且在这种论证中康托尔毫不犹豫地求助于上帝.

由利奥十三的通谕激起的对科学的兴趣对康托尔日渐衰落的士气无疑是一支兴奋剂.1884年精神病症后在连续统假设问题上新的研究所带来的只是加倍的沮丧和烦恼.1885年初米塔格-莱夫勒似乎

又关闭了康托尔渴望得到数学家的支持和理解的希望之门,康托尔不再迷恋数学而开始转向哲学和神学,与神学家的通信在一定程度上满足了康托尔就自己工作的重要性及其含义与他人进行讲座和交往的愿望,反过来,这种交往又加深了康托尔的宗教情感.康托尔声称,自己并非超穷数理论的创造者,而只是一个记录者,是上帝给予他以启示,他所做的仅仅是组织和表述的工作.康托尔还认为这是他的一种神圣职责,即以上帝所恩赐的知识去防止教会在无穷性质的信条上所可能发生的错误.1888年降灵节时他写信给教会的一位朋友说:"我对超穷的真理性深信不疑,我是在上帝的帮助下认识到这一真理的,对于它的丰富内容,我已不止20年,每一年,每一天都使我在这一科学中取得新的进步."在1894年写给埃尔米特(C. Hermite)的信中康托尔还写道,正是上帝的旨意,使他离开了纯粹的数学而转向哲学和神学.

直到生命结束,康托尔一直把自己看作上帝的一个使者,他能够用上帝所赋予的数学知识来为教会服务.正如他1896年所说:"天主教哲学将由我而第一次获得关于无穷的真理."康托尔脱离了数学伙伴,在教会的哲学家和神学家朋友中找到了安慰,获得了勇气,宗教复活了他的自信心,维护了他的理论的真理性,康托尔重新看到了自己的前途.

七　从《集合论基础》到《超穷数论的奠基性贡献》

1885 年春,康托尔完全断绝了与《数学学报》的联系.这之前,他开始撰写一系列关于超穷集合论的文章,不断发表一些新思想.同时,尽管几年前他曾受到精神分裂症的折磨,但仍满怀信心地认为能够最终寻找到解决连续统假设的新方法,有几次,他都允诺将在关于线性点集的六篇系列文章之后提出第七篇.但后来他认为与其这样,不如在《数学学报》上单独发表一些文章.1884 年,他将一篇文章的法文摘要寄给米塔格-莱夫勒,他宣布,在这篇文章中将给出连续统问题的解.第二年,这篇题为《第二通信》("Zweite Mittheilung")的文章发表了.

在这篇文章中,康托尔专门讨论了有关完备集的势的一系列定理.《第二通信》不仅是线性点集系列文章的继续,其中还给出了第六篇文章中提出的一个问题的解:"按照在《克莱尔杂志》84 卷上证明的一个定理可以得出,完备集 S 和连续统(0,1)有相同的势,从而所有线性完备集都有相同的势.我在后面一节将证明,对任何 n 维空间的完备集也有同样的结果."但却没有涉及连续统的势这一最重要的问题.

在《第二通信》中,康托尔引进了一些新概念,例如,对于任何给定的点集 P,有以下三类集合:

表示 P 的所有孤立点的集合的"P 的附贴部 P_a";

表示 P 的所有极限点的集合的"P 的凝聚部 P_c";

表示 P 的高阶凝聚部的"P 的内部 P_i".

这些集合的特性可以用来区分点集的各种细微差别.康托尔还希望它们的引进有助于连续统假设问题的解决.但事情的发展未能尽如

人意. 到 1885 年,康托尔似乎认识到,单纯地局限于点集的研究也许不能从根本上解决问题,由此出发也许永远寻找不到解决连续统问题的任何路径,而完备集迷人的特性似乎已经指出了另一条道路:连续统问题并不依赖于点集的度量性质,而是依赖于其顺序性质的问题,完全没有必要固守点集这块地盘,"它带来一种束缚,使人失去了那种冒险的乐趣."

康托尔将"附贴部""凝聚部""内部"等概念翻译成良序集的语言,开始对序型理论产生了浓厚的兴趣. 他准备对于连续统的构造以及它的势等问题提出一个全新的研究方向,因为序型问题比点集和点集的势所能提供的那些较直接的特性更丰富,数学上也更重要.

康托尔曾为《数学学报》第 7 卷写过一篇文章(未发表),题目是《序型理论原理:第一通信》(*Principien einer Theorie der Ordnungs-typen:Erste Mittheilung*)(以下简称《第一通信》). 在这篇文章中,他第一次提出独立的关于序集的理论.《基础》中,康托尔仅仅在定义超穷数和更高阶数类时考虑过良序集,现在他发现,全序集也是一个非常丰富的概念. 他注意到,自然数良序序列 1,2,3,…代表了一类重要的序型,而有理数集依照自然顺序又提供了一类区别于自然数集的序型,因为任何两个有理数之间总存在另一个有理数,而且这种性质并不是所有良序集所共有的. 实数集依照自然顺序构成另一个全序集,它的序型又与自然数和有理数不同. 康托尔希望进一步研究全序集的序型,以提供解决连续统问题的新见解.

《第一通信》一开始用"等价"的术语给出了集合的势的概念.

定义   一个集合 M 的势是指这样一个概念,它为而且仅仅为所有与 M 等价的那些集合所共有,因而也为 M 自身所共有,它表示所有与 M 同类的集合. 因此(从心理学和方法论角度)我把它看成是从那样一些特殊对象中抽象出来的最简单、最基本的一个概念,这些对象代表了一确定的类中的一个集合,而我们抽去了元素的性质及元素之间的关系和顺序. 只有在考虑属于同一个类中的那些集合所具有的共同性质时,势(或价)的概念才产生.

这个较全面的概括性定义较先前康托尔对势的理解又近了一步. 这种借助抽象定义集合论概念的方法,后来被证明对康托尔系统阐述超穷数理论并为此提供数学和哲学的论据是极为重要的.《第一通信》中,康托尔还给出了全序集的定义.

定义　一个集合称为全序集,如果给定集合中任何两个元素 e 和 e',恰好有如下三种关系之一成立: $e<e'$,$e=e'$ 或 $e>e'$.

他还如下地描述了全序集序型的含义:

每个全序集有一个确定的序型.

自然数集 $\{1,2,3,\cdots,v,\cdots\}$ 显然是一个全序集,它的序型记为 w,类似地,形如 $1-\dfrac{1}{v}$ 的有理数集其序型也是 w.$(0,1)$ 中全体有理数集,采用自然顺序,其序型不同于 w,康托尔用 η 表示,同时用 θ 表示 $(0,1)$ 中全体实数集合的序型.

康托尔清楚地意识到关于序型的新理论之重要.一般来讲,连续统问题不仅仅依赖于集合的势,例如,同是可数的有理数集却可能有两种序型 w 和 η.尽管康托尔猜想连续统具有第二数类的势,但仍存在一个极为困难的问题,它涉及连续统 $(0,1)$ 依赖于它的自然顺序所显示出的连续性本质,于是康托尔更多地集中于全序集及更一般的序型的研究,希望由此发现一种较精确的技术以完全刻画线性连续统的序型.

康托尔已经从点集及其导集的概念中抽象出超穷数理论,从而给出了良序集的一般构造原则.在展开序型理论的过程中,他希望不仅仅考虑有理数集和实数集这样的例子,而应当寻求一种对于序型 η 的完全一般的描述,它与有理数没有什么特殊的关系,相反它依赖于一些抽象集合的特性,它们能够显示有理数在自然顺序下的所有特性.康托尔给出了如下定理:

如果 M 是一个具有第一种势的全序集,其中既无最大,也无最小元素,而且集合中任意两个元素 e 和 e' 之间总有无穷多个 M 中的元素,则 M 具有序型 η.

康托尔还指出,如果 α 表示一个给定的全序集的序,且 $^*\alpha$ 表示其逆序,则 $^*\alpha=\alpha$ 对于有穷集总是成立的,但对无穷集未必成立,而如果是一个无穷良序集,则对应于 α 和 $^*\alpha$ 的序型绝不相同.这表明良序集代表着一类非常特殊的全序集,因此康托尔对它很感兴趣并给予特殊处理,这反映在康托尔的《基础》和《超穷数论的奠基性贡献》(以下简称《贡献》)中. 在《基础》中,良序集作为单独一章讨论,而在《贡献》这部最著名和最完整的集合论重要著作中,康托尔用整个后半部分来研究良序集的性质. 良序集在集合论中占有重要的地位,是因为通过它们的序型,从有穷集可以产生有穷序数,从无穷集可以产生第二数类和更高阶数类的超穷数. 更重要的是,通过确定具有第一种势的良序集的序型,构成了第二数类,从而借助于连续统假设而获得了特殊的重要性.

正如在《基础》中定义超穷数的运算那样,在《第一通信》中康托尔定义了序型的加法和乘法,只是对于全序集需要加上防止误解的说明——超穷序型运算一般不可交换. 康托尔更感兴趣的是超穷序数的其他运算. 首先他引进了一系列概念:

我们称 e 是集合 A 的一个主元素:e 是 A 中的元素,如果 e' 表示 A 中任何一个在 e 之前的元素(当 A 中不存在小于 e 的元素时,令 $e'=e$),或者,如果 e' 表示 A 中任何一个在 e 之后的元素(当 A 中不存在大于 e 的元素时,令 $e'=e$),则在 e 和 e' 之间总存在无穷多个 A 中的元素.

一个集合 A 的所有主元素,保留它们在 A 中的次序,将形成一个新的全序集,称为"A 的凝聚部",用 A_c 表示,A_c 的序型用 α_c 表示,称为"α 的凝聚部",其中 α 是 A 的序型. 大致相当于产生导集的思想,更高层次的凝聚部可以写出,$A_c, A_c^2, \cdots, A_c^v, A_c^{v+1}, \cdots$ 其中 $A_c^{v+1} \subseteq A_c^v$. 最后良序集

$$D(A, A_c, A_c^2, \cdots, A_c^v, \cdots) = A_c^w$$

产生序型 α_c^w.

如果 $A_c = A$,则称 A 为自稠密集,而自稠密集的序型称为自稠密序型.

对于一个全序集 A,如果它的所有元素都不是主元素,则 A 称为孤立集. 孤立集按给定的次序称为"A 的附贴部",记为 A_a,孤立序集 A_a 的序型称为孤立序型,用 α_a 表示. 由此任何集合 A 能够有唯一分解 $A = A_a + A_c$. 其中 A 的元素保持原来的顺序. 更一般的有

$$A = \sum A_{ca}^{\rho'} + A_c^{\rho} \quad (\rho' = 1, 2, \cdots < \rho)$$

　　康托尔还指出，自稠密集 A 的任何一部分必定属于 A 的凝聚部，是 A_c^ρ 的一部分，因此集合 $\sum A^\rho{}_{ca}$ 没有自稠密部分。按照康托尔的术语它是分离的，对应的序型称为分离序型。这引导人们去定义闭集和闭序型，以及完备集和完备序型的概念，它们对于更准确地考察连续统 $(0,1)$ 这个全序集的性质是十分重要的。在这之前，康托尔分析了一个集合 A 中的一类特殊的主元素：

　　设 $e,e',e'',\cdots,e^{(v)},\cdots$ 是全序集 A 中元素组成的一个单调递增或单调递减序列，如果存在 A 中的一个确定元素 f，在递增的情况下，它较所有 $e^{(v)}$ 都大，而且，对于充分大的 v，$e^{(v)}$ 将超过任一小于 f 的元素 f'；在递减的情况下，f 较所有 $e^{(v)}$ 都小，而且，对任何一个大于 f 的元素 f' 都有某个 v，使 f' 排在 $e^{(v)}$ 之后，显然 f 是 A 中的一个主元素。

　　如果 A 是元素 f 的集合，则康托尔将它定义为一个闭集，其相应的序型为闭序型。例如，闭序型包括 $w+1,w^v+1,1+\theta+1$，另一方面，$w,w^v,\eta,1+\eta,\eta+1,1+\eta+1$ 不是闭序型。如果 A 是一个闭集，那么 A 的所有凝聚部 A_c^ρ 也必定是闭集，如果 α 是一个闭序型，则 α_c^ρ 也是。如果一个全序集是自稠密的和闭的，则称它为一个完备集，其序型为完备型。

　　这里可能会产生某种误解，因为在《第一通信》和《第二通信》中，康托尔使用了相同的术语；但是必须强调的是，在《第二通信》中，凝聚部等概念是与点集有着直接的特殊联系的，而在《第一通信》中，康托尔是在更一般的意义下从事讨论的：康托尔曾假定点集中仅存在两种可能的势，但这对于建立丰富的超穷数理论显然是不充分的；现在序型理论是在一种完全一般的意义下建立的，为了强调这点，康托尔提醒读者，这里的主元素概念是对全序集而言的，如果用于点集，它并不恰好与极限点概念相一致。集合 P 的每个极限点都是 P 的一个主元素，但其逆不真。康托尔的序型理论对于研究点集是够用的，但却比点集研究所获得的结果更丰富，更具一般性。

　　1885 年，康托尔从《数学学报》上撤回了他的《第一通信》，开始在《哲学和哲学批判》（*Zeitschrift für philosophie und philosophische kritik*）上发表文章。当然，其中大部分是哲学方面的，但有一篇《序型理论》（*Theorie der Ordnungstypen*）除了涉及哲学和神学外，还讨论了纯粹的数学问题.它是一个长篇《关于超穷数的通信》(*Mittheilungen zur Lehre vom Transfiniten*)中的一章,这个长篇于 1887 年和 1888 年分两部分发表.

在《序型理论》中,康托尔采用《第一通信》中同样的概括和抽象方法给出了集合的含义,给定一个集合,它应当被理解为一种"自在之物"(thing in itself),无论这一集合是由客观对象还是由概念所组成的,而且它们作为一般概念是否与其顺序有关.康托尔用 $\overline{\overline{M}}$ 表示集合 M 的势,以强调在定义这一概念时的抽象过程.两杠表示两次抽象的结果,首先从给定的元素中抽去它们的特殊性质,再抽去元素之间的顺序特性.同时用 $\overline{M}$ 表示集合 M 的序型,一杠表示对元素的质的特性的一次抽象.从认识论角度讲,这些区别是很重要的.

几乎在康托尔的所有著作中,在引进超穷数的每一阶段,他都以极大的努力去论证它们在数学中的合理性.在《序型理论》中,他特别强调有关超穷数的定理是"从一些定义出发,依靠逻辑证明的力量得出的,这些定义既不是人为的,也不是任意的,而是由抽象过程自然产生的."在康托尔为建立超穷集合论的斗争中,有一个有争议的问题:究竟在数学中,序数和基数哪一个是初始的概念,哪一个更基本? 如果将序数概念看作基本的,那么任何有穷的和无穷的数都能够通过只使用顺序和后继的概念得到系统阐述,但这一过程是不完全的,因为对任何一个数总可以产生新的后继,这样就只能产生有穷数,康托尔的第一个超穷数永远不会达到.如果一定要将这一过程作为数概念产生的基础,由于超穷数不能由有穷归纳产生,因此它们就不能说是存在的.这样一来康托尔的整个超穷数理论就很容易被克罗内克等人驳斥为"精心编造的神话".于是康托尔很自然地坚持与序数概念相分离的基数概念,并使之完全独立于序数.

因此,在《序型理论》中,康托尔首先简要地刻画了基数理论的概貌,然后才较为详细地考察了序数的性质.在论文的第八章中开始概述序型的一般理论,并引进了 n 维序型、纯序型、极大序型、共轭序型等概念.由于纯序型的集合总是一个良序集,康托尔将这些序型称为序数.他强调,对于任何具有有穷基数的集合,只存在唯一的纯序型,即只有唯一的序数.但对于无穷集,对应于同一基数,可能有任意多纯序型,例如具有第一种势的自然数集和有理数集分别有序型 ω 和 η.
《序型理论》还进一步讨论了有关计算纯序型和极大序型的数目等问
题,而对于连续统的势和(0,1)中的实数集的序型,直到最后也没有提
出什么新见解.

康托尔在 1885 年—1891 年发表的著作中称得上重要进展的是
对势和序型的概念所赋予的极大的一般性,即超穷基数和超穷序数的
研究,并提出了一整套给人深刻印象的新思想,希望能找到解决连续
统假设问题的新途径,并揭示连续统序型的最一般特性.自 1883 年
《基础》问世以来,集合论已经历了自身的巨大转变,它脱离了点集,开
始在一个更抽象的新领域中创造.但是直到康托尔证明了他的理论的
客观实在性和有效性之前,康托尔的新思想一直被视为人为的和虚
幻的.

到 1891 年,除了在集合论方面取得了某些有意义的进展外,康托
尔生活中还发生了一件重要的事情,它打破了继《基础》出版以来几年
中由康托尔的沮丧情绪所造成的沉闷气氛,这就是康托尔当选为新成
立的德国数学家联合会的主席.

几年来,康托尔一直感到他的工作未受到应有的重视,德国的某
些数学家对他抱有的偏执态度令他十分不满,他开始对德国数学界失
去信心,并离开德国数学的传统研究而更多地转向其他领域,甚至在
专门讨论哲学问题的杂志上发表文章,集中论证他的理论的哲学基
础.1884 年,他在哈勒大学由讲授数学改教哲学,他似乎完全丧失了
对数学的热情.1887 年,他甚至坦率地讲:"目前我对数学工作没有太
大的兴趣,我不愿意自己去发表这方面文章,而宁愿转向对其他领域
的研究."当然,这并不意味着康托尔完全放弃了超穷数和超穷集合
论.事实上他放弃的是研究工作的最表面和社交期望的方面:发表论
文.他对数学的信仰并未动摇,对于这一点,没有比康托尔企图从"德
国科学和哲学协会"中分离出数学的独立组织所做的不懈努力更说明
问题的了.

"德国科学和哲学协会"(简称 GDNA)是 1822 年由劳伦兹·奥
肯(Lorenz Oken)创立的,其中有一个数学-天文学分会.GDNA 成立
后,既无常设机构,又无固定地点,作为一个松散组织一直未得到应有

的重视.1893 年协会才决定在莱比锡设立总部,并建立了常设机构.协会在管理上的相对不稳定状态持续这么久,对数学家在分会的工作有很大影响.1867 年就有人提出从 GDNA 中分离出一个数学的独立组织,但只有康托尔为实现这一目标迈出了实质性的一步.经多方努力,终于为德国数学家提供了一个独立的组织——德国数学家联合会(简称 DMV).

到了 19 世纪末,数学较 GDNA 创立时已发生了惊人的变化.它越来越专门化,越来越具有特殊性了.研究纯粹数学理论的数学家日渐增多,同时数学和天文学的区分越益明朗,显示不出在 GDNA 中共存的必要了.而且到康托尔准备创立数学家联合会时,天文学家已开创了从 GDNA 中分离出来的先例.看来建立数学家的独立组织是完全必要的.

在创立 DMV 的过程中,康托尔被公认为具有卓越的领导才能.他之所以如此热心这一工作是希望提供一个新的学术论坛,使数学家可以自由地表达自己的思想,不必担心来自少数数学权威带有偏见的攻击和不公正的批评.康托尔认为自己的工作所遭遇的不幸完全是由少数德国数学家的压制政策造成的.这种政策使得某个权威可能毁掉任何一位年轻数学家得到承认的机会.例如克罗内克有一次在演讲中说,康托尔的思想可以"使整整一代读过康托尔集合论那类骗人的鬼话的年轻数学家丧失信心".为了替年轻数学家争取到康托尔自己从未享受过的保护,康托尔希望 DMV 能冲破少数数学权威编织的无形的网,创造一种无偏见的自由的学术气氛,成为一个公正的自由的学术讲坛.正如舍恩弗利斯后来指出的,DMV 是在科学自由的口号下进行斗争的结果,"数学之精髓在于自由",康托尔的座右铭被成功地运用于这一事业.

尽管康托尔与克罗内克长期敌视,但考虑到克罗内克的年龄和在德国数学界的地位,康托尔邀请他参加 DMV 的第一次会议.当然这样做也并不完全是无私和宽宏大量的.事实上,1891 年 6 月康托尔曾写信给他的朋友谈及此事,说这样做是希望给克罗内克一个机会,使他对康托尔的理论提出公开的反对,至少请他重述在那次演讲中对康托尔的攻击.假定如此,康托尔相信"将有多少先前盲目的人第一次睁开双眼". 当然康托尔也知道, DMV 的第一次会议不应成为尖锐争论的舞台. 在这种场合发泄私人怨恨是不适宜的, 但至少可以使集合论和康托尔关于无穷的见解有机会得到公开的论证.

出乎意外的是, 克罗内克由于妻子的突然逝世未能到会. 他写信给朋友坦率地赞扬数学家联合会的宗旨并预祝大会成功. 在开幕式上, 德国数学家联合会宣布成立, 康托尔当选为主席, 克罗内克当选为理事. 在创立联合会的过程中, 康托尔始终表现出极大的热情和无限的活力, 不停地为大会奔走着. 几年以后, 舍恩弗利斯 (Schoenflies) 在 DMV 的一次会议上回忆说, 有一天他正在睡觉, 康托尔使劲敲着窗子说, 还有比睡觉更重要的事情要做呢!

1891 年, 在 DMV 的第一次会议上, 康托尔宣读了一篇论文, 介绍了他经过五年多时间进行数学研究的部分重要结果, 并对不可数集的存在性给出了一种全新的证明. 康托尔不满意 1874 年的那个证明, 他希望建立一个不仅仅依赖于实数连续统的特性的更一般的证明. 正如他自己指出的, "这个证明看上去是超乎寻常的, 不仅因为它的极端简洁, 也因为它所使用的原则可以直接推广到更一般的定理中, 例如可以用来证明任给集合总能找到其势大于它的势的集合."

新的证明使用的是著名的对角线方法. 给出两个元素 m 和 w, 考虑形如

$$E = (x_1, x_2, \cdots, x_n \cdots)$$

的元素组成的集合 M, 其中 x_n 或者是 m, 或者是 w. 例如

$$E' = (m, m, m, m, \cdots)$$
$$E'' = (w, w, w, w, \cdots)$$
$$E''' = (m, w, m, w, m, w, \cdots)$$

康托尔证明 M 是不可数的, 即给出了如下定理的一个强有力的证明:

定理　如果 $E_1, E_2, \cdots, E_v, \cdots$ 是集合 M 中任何一个元素的无穷序列, 则总存在一个 M 中的元素 E 不在这个序列中.

首先, 康托尔给出如下排列 E_v 的一个可数表列:

$$E_1 = (a_{11}, a_{12}, \cdots, a_{1v}, \cdots)$$
$$E_2 = (a_{21}, a_{22}, \cdots, a_{2v}, \cdots)$$
$$\vdots$$

$$E_u = (a_{u1}, a_{u2}, \cdots, a_{uv}, \cdots)$$
$$\vdots$$

每个 a_{uv} 或者是 m，或者是 w.

然后，康托尔定义一个新的序列

$$b_1, b_2, \cdots, b_v, \cdots$$

其中 b_v 或者是 m，或者是 w，使得 $b_v \neq a_{vv}$，这个序列形成 M 中的一个元素

$$E_0 = (b_1, b_2, \cdots, b_v, \cdots)$$

显然，对于 v 的任何值，$E_0 \neq E_v$. 因为无论如何，元素 E_v 总在第 v 个指标上与 E_0 不同.

对角线方法以一种极简洁的形式（只使用两个元素），直接建立了良定义集的势构成的上升序列无最大数的证明，即任给集合 L，总有其势大于它的势的集合 M 存在.

作为一个例子，康托尔考虑 $(0,1)$ 中全体实数的集合 L. 可以证明，对任何 $x \in (0,1)$，仅取函数值为 0 和 1 的单位函数 $f(x)$ 的总体，其势就大于 L 的势. 依照康托尔所引进的这种方法，可以证明，对任何集合，它的所有子集所构成的集合，其势必大于它的势. 由此就可以断定，作为超穷集合的势，存在着无穷上升的超穷基数. 这一结果显然是十分重要的.

人们已经确认了有穷基数的存在性. 现在无穷基数也获得了同样的真实性和确定性，因为后者也可被看成（超穷）集合的势，从而就是一种十分自然的推广. 势的概念在超穷数和超穷集合论后来的发展中起了统一和综合的作用. 康托尔突出强调了有穷的和超穷的基数即有穷和无穷集合的势，这直接体现在 1895—1897 年康托尔的最后一部，也是最重要的一部著作《超穷数论的奠基性贡献》（以下简称《贡献》）中. 在这部著作中，他准备向数学家提供一个清晰的关于超穷集合论的系统阐述. 到 1891 年，从《基础》到《贡献》的过渡大体完成.

自从 DMV 成立后，在康托尔头脑中就产生了一个想法：发起一次国际数学家大会. 因为康托尔已经意识到数学在德国和欧洲已经相当成熟，应当为数学家提供一个更广阔的学术舞台，而且国际数学家大会可以依靠其成员的广泛性创造更大程度的学术自由. 如果没有一

个中心组织,想召开在世界范围内有影响的大会是极为困难的,而现在 DMV 的成立已经为此做出了必要的准备,因此组织这样一次国际数学家大会也是完全有条件的.发起国际数学家大会的另一个原因,是康托尔希望借此脱离德国数学家的封闭圈子,摆脱他们的影响.

1890 年以来,康托尔一直想到哥廷根或柏林的大学寻找一个更受人尊敬的教授职位.但由于克罗内克的阻拦,这一愿望始终未能实现,康托尔不得不继续留在哈勒忍受不公平的待遇.他抱怨自己薪水之低,以致妨碍与外界正常的学术交往.那时他已放弃在数学杂志上发表任何文章,并断绝了和柏林数学权力集团,包括与库尔曼、克罗内克、魏尔斯特拉斯、许瓦尔兹等人的联系.随着时间的流逝,他对德国数学界感到失望.他深陷痛苦之中,他用"自己不是德国人"解释这些现象,安慰自己.他感到对德国人——这个不欣赏他工作的民族没有什么感情,而宁愿强调自己的俄罗斯血统.他不再期望德国方面的同情和支持,而寄希望于国际方面的联系.

对于发起国际数学家大会的初议虽然很少有德国人出来反对,但没有人情愿做组织工作,而 DMV 中就有人不赞成主动承担大会的筹备工作.康托尔自命领导,起草和通知大会议程,就像力促 DMV 那样地充满热情地为大会的召开而努力着.经康托尔多方奔走,首次国际数学家大会终于在 1897 年在苏黎世举行.

八 《超穷数论的奠基性贡献》的第Ⅰ部分：全序集的研究

《超穷数论的奠基性贡献》是康托尔最后一部重要的数学著作．当面向那些不怀敌意的、愿意了解他的同时代人介绍自己的工作时，康托尔终于选定以一种直接的、坦率的方式阐述他那极富创见的新思想．经历了 20 年之久的艰苦探索，康托尔希望总结一下超穷数论严格的数学基础．

《贡献》初稿的第Ⅰ、Ⅱ部分都使用《康托尔》的标题分别于 1895 年 5 月和 1897 年 5 月发表在《数学学报》上，主要内容随即译成各种文字．1895 年首先由格贝迪（Gerbaldi）将第Ⅰ部分译成意大利文，1899 年由马洛特（Marotte）给出两部分的法文译文，而英文译本直到1915 年才由朱得因（P. E. B. Jourdain）作序出版．

康托尔关于自然哲学和形而上学方面的立场，尽管没有从《贡献》中的数学内容直接显露出来，但这种哲学思考却像涓涓流淌于《贡献》的一股细流贯穿始终．与《基础》从关于实无穷概念的长篇论证开始不同，《贡献》是以叙述集合论基本原理开篇的．在这里，康托尔对于自己理论的哲学基础问题并不企图辩解什么，这方面在《基础》中已做得够多了．他开始意识到，最近十年，为了论证超穷数的合理性，他向哲学界、神学界和数学界所作的呼吁是徒劳的，超穷数理论只能由数学家以他们特有的思维方式做出正确的评价．因此，他准备尽可能清晰地提供这一理论的基本轮廓，希望由此引起数学家对它的新认识．

《贡献》的第一段话是那个关于集合的经典定义，它定下了全书的基调：

定义 集合 M 是能够明确区分思维或感知的对象 m（称为 M 的

元素)的总体.

康托尔又一次不厌其烦地定义集合概念,间接表明《贡献》与《基础》将有很大不同. 10 年前,康托尔几乎完全在点集的领域内工作,集合这一术语是有特定内涵的. 为了避免这一局限而发展一种完全一般的理论,必须搞清楚抽象意义上的集合概念. 在《基础》中康托尔曾经写道:"作为一个整体,集合指确定对象的这样一种总体,其中的对象由某一法则联结成了一个整体."康托尔所以对"作为一个整体"的集合感兴趣,是因为由此出发可以定义超穷数. 如果不将全体自然数 1,2,3,…,想象为一个整体,一个完成了的集合,就不可能产生哪怕一个超穷数.

在《基础》中,已经将势作为集合的基数谈及过. 在这里,康托尔又给出如下的势的定义:

定义　集合 M 的势(或基数)是由集合 M 借助我们思维的能动性产生的一个一般概念,是从集合 M 中抽去元素 m 的质的特性及在 M 中的顺序特性而得出的一般概念.

这一定义和 1887 年的定义区别之处在于:康托尔强调从集合的元素中抽象出基数概念的过程中"思维的能动性". 康托尔仍采用 1887 年引进的记号 $\overline{M}$ 表示 M 的基数. 然后又补充说,如果不考虑其特性,从每个单个元素 m 中都可产生一个"单位"(unit),因此基数 $\overline{M}$ 也是一个确定的集合,它由那些"单位"组成,并作为给定集合 M 的一种理智的摹写和投影存在于我们的头脑中.

这里强调的"思维的能动性"和"理智的投影"之间的联系是重要的,它可以帮助我们理解康托尔为什么采用这样一种定义势的概念的方式. 这里势被定义成集合在我们头脑中的"理智的投影",从而就不必像 1887 年那样,一方面是集合中数的具体的真实性,另一方面又要区分与集合相对应的超穷数的抽象真实性. 康托尔最终认定集合和超穷基数都"存在于我们的思维中",从而有穷的或超穷的基数就都是作为集合的固有成分内在地存在的.

就本体论意义讲,基数的这种特性对于康托尔是非常重要的. 如果集合论中的所有要素都在相同的层次上同头脑中的概念和映象具有同样的真实性,就不存在对于任何客观真实对象的依赖. 无论是点集,还是其他空间要素或时间序列,都与超穷数的可接受性无关.它们必然地、绝对地依赖于集合自身的存在.从而,集合作为头脑中的抽象对象,其真实性就直接扩展到超穷数,即它们被赋予了相同意义的真实性.

《贡献》中关于集合的等价和基数的顺序关系基本上与康托尔1887年给出的一致.1887年康托尔没有直接证明下面的定理:

两个集合 M 和 N 如果能够彼此由一个一一映射到另一个的真子集上,使得 $M\sim N'\subset N, N\sim M'\subset M$,则 M 和 N 必定等价.

后来这个定理由伯恩斯坦(Felix Bernstein)和施罗德(E. Schroeder)独立建立并证明,而且以他们的名字命名.康托尔在《贡献》第二章中引进如下定理,但是没有证明:如果 a 和 b 是任何两个基数,则或者 $a=b$,或者 $a<b$,或者 $a>b$.同时他还指出,伯恩斯坦-施罗德定理和其他几个关于集合等价关系的定理很容易由这一定理得出.

康托尔虽已指明,任给两个基数 a 和 b,必有一种序关系成立,但他不能证明恰有一种关系成立.这样就不能建立一种有效的方法来比较超穷基数.超穷数论中的这一重要问题使《贡献》一开始就出现了漏洞,这也是引起对康托尔理论非议的重要原因.如果基数之间不能严格地加以比较,就不可能将所有基数排成一个序列.另外,如果连续统的势不是一个可比较的基数,绝不能期望它与第二数类的势相等,因为第二数类的基数是由良序集定义的可比较基数.康托尔一直都在假定每个集合都能够良序化,从而所有基数都是可比较的,但他从未给出任何证明,而且在《贡献》的第Ⅰ部分和1897年的续篇中没有重提这一问题.

康托尔在《贡献》中通过集合来定义基数的加法和乘法运算.

假定 M 和 N 是两个(不相交)集合,如果 $a=\overline{M}, b=\overline{N}$,则 $a+b=\overline{(M,N)}$,其中 (M,N) 表示 M 和 N 的并集. $a\cdot b=\overline{(M\cdot N)}$,其中 $(M\cdot N)$ 是所有由 M 和 N 的元素组成的元素对 (m,n) 的集合,即 $(M\cdot N)=\{(m,n)\,|\,m\in M, n\in N\}$.

如此定义乘法运算是为了在第四章中引进基数方幂的定义,它是通过覆盖概念给出的.

定义　集合 M 对于集合 N 的一个覆盖是指一个法则,通过它,N

中每个元素 n 都有 M 中一个确定的元素 m 与之对应，N 中两个元素可以对应 M 中一个元素. 显然 M 中的元素是 n 的一个单值函数，可用 $f(n)$ 表示，称为 n 的覆盖函数. 相应地，$f(N)$ 称为 N 的覆盖.

由集合 M 产生的 N 的所有不同覆盖 $f(N)$ 的集合，康托尔用 $(N|M)$ 表示，即 $(N|M)=\{f(N)\}$，称为覆盖集. 它是定义基数方幂运算的基础.

由于覆盖集的定义只依赖于集合 M 的基数 a 和 N 的基数 b，因此 $(N|M)$ 的基数可用来定义基数 a,b 的方幂：

$$a^b = \overline{\overline{(N|M)}}$$

引进基数方幂以后，用 d 表示线性连续统的势，康托尔得出

$$2^{\aleph_0} = d$$

进一步，他还得出

$$d \cdot d = 2^{\aleph_0} = 2^{\aleph_0 + \aleph_0} = d$$

一般地，

$$d^v = d$$

$$d^{\aleph_0} = d$$

这些公式表明，v 维以及一般的 $\aleph_0$ 维的连续统同一维连续统有相同的势. 于是，通过覆盖概念的引进，先前由几何方法得出的结果被以纯代数形式给出. 这样，似乎连续统假设问题的解又有希望前进一步. 其次这些可以用来更直接、更清晰地证实超穷数的一些数论性质，从而也就进一步证明了超穷数在数学上的合理性.

康托尔在《贡献》中还讨论了有穷基数. 对于有穷基数，可以通过两种方式确定：或者通过相继加 1 的归纳过程；或者与无穷集相对，将它作为不与自身真子集等价的集合的势来确定. 就康托尔在《贡献》中的目的而言，归纳方式更清晰、更合适. 因为康托尔希望指出如何可以像有穷数从有穷集中抽象出来那样，从无穷集中抽象出超穷数. 他认为，《贡献》中概述的如下原则能够最自然、最简洁地给出有穷基数理论严格的数学基础.

从单个对象 e_0 开始，定义集合 $E_0 = (e_0)$，于是产生第一个基数 $1：1 = \overline{\overline{E}}_0$. 在 E_0 中添加一个新元素 e_1，得到 $E_1 = (E_0, e_1) = (e_0, e_1)$，又可产生第二个基数 $2：2 = \overline{\overline{E}}_1, \cdots$，如此下去，借助逐次添加新元素，得到一个集合序列：

$$E_0, E_1 = (E_0, e_1), E_2 = (E_1, e_2), E_3 = (E_2, e_3), \cdots$$

于是产生一串有穷基数 $1, 2, 3, \cdots$，一般地，

$$v = \overline{\overline{E_{v-1}}}, \quad E_v = (E_{v-1}, e_v) = (e_0, e_1, \cdots, e_v)$$

由加法定义，$\overline{\overline{E_v}} = \overline{\overline{E_{v-1}}} + 1$. 从而，除 1 以外，每个有穷基数都将由它的直接前驱加 1 产生. 这种数的生成原则对于有穷和超穷基数同样适用. 康托尔强调他定义有穷基数的方法与狄特金的不同，这些基数的产生不依赖于任何顺序特性，基数 3 不被看作 $1, 2, 3$ 的序列，而是看作三个个体的集合. 从简单的 1 到整个有穷基数序列是通过从集合中抽去了元素的质的特性和顺序特性得到的.

作为一个整体，全体有穷基数 N 对于康托尔定义超穷数是必不可少的基础. N 中的元素可以彼此区分，且每个基数都大于它前面所有的数而小于后面的每个数，任何两个相邻基数 v 和 $v+1$ 之间不存在另一个基数. 康托尔指出，这些结果的证明涉及有穷集的两个特性.

首先，如果 M 是一个不与自身的真子集等价的集合，则在 M 中添加一个元素 e 所得的集合 (M, e) 仍不与其真子集等价；其次，如果 N 是一个具有基数 v 的集合，N_1 是 M 的任一真子集，则 N_1 的基数必小于 v. 另外，任何有穷基数集合总存在一个最小元素. 从而，康托尔得出，每个有穷集合能够良序化.

在看到清样以后，皮亚诺(Peano)曾写信给康托尔，指出在《贡献》中没有明确有穷数的概念. 而康托尔只答复说，有穷集的定义连同未加说明使用的归纳原则可以在本书第五章中找到. 康托尔先前曾提出，如果集合 M 能够由一个初始元经过逐次添加新元素产生，而且能够通过逐次减去元素回到初始元，则 M 是一个有穷集. 换言之，有穷集的构成满足数学归纳法. 但是令人疑惑的是，在《贡献》的第五章中，康托尔既没有明确给出有穷数的定义，也没有将数学归纳法作为一个需要预先假定的原则引进.

简单声明了具有有穷基数的集合称为有穷集合后，康托尔开始定义超穷集合及超穷基数. 第一个超穷基数定义为全体有穷基数的集合的势：

$$\aleph_0 = \overline{\overline{\{v\}}}$$

康托尔感到用熟悉的希腊字母或罗马字母表示超穷基数都不合

适,应当选择一套独特的记号.在选择记号这方面,康托尔向来很讲究.他选择了第一个希伯来字母 $\aleph_0$ 来表示第一个超穷基数.因为这个字母代表数 1,此外它还代表一个新起点,康托尔确信超穷数理论标志着数学的一个新起点.

康托尔对超穷基数新的理解是值得注意的.在《基础》中,他从未把超穷的势等同于基数.相反,他似乎总是避免势也是数的暗示.如他在第二章中解释说:一个集合的势是一种独立于顺序的属性.1883 年 9 月,在 GDNA 的一次会议上,康托尔对于势和基数的一致性讲道,"我称两个集合 M 和 N 是等价的,如果它们的元素之间可以建立一一对应关系,为此我用价(valence)表示势或基数."

对于最小的超穷序数,康托尔已经引进符号 ω 表示,但对于最小的超穷基数当时还没有适当的符号.超穷序数的记号先于超穷基数的记号的出现这点说明,序型概念对于康托尔集合论的早期发展较之基数概念重要得多.正是序数的引进,使得定义超穷基数成为可能,而且直到建立了超穷数类的序型,康托尔才得以精确定义超出最小超穷基数的所有超穷基数.

而现在,超穷基数记法的变化表明它们是独立于超穷序数的.一开始康托尔试图用 $\overset{*}{\alpha}$ 表示序数为 α 的集合的基数,因为 ω 是最小的超穷序数,于是有 $\overset{*}{w}=\overset{*}{w+1}=\overset{*}{w+2}=\overset{*}{w^2}=\cdots$

所有基数与 $\overset{*}{w}$ 相等的序数构成了第二数类,用 Ω 表示.显然 $\overset{*}{\Omega}$ 就是紧跟在 $\overset{*}{w}$ 之后的超穷基数,$\overset{*}{w}\preccurlyeq\overset{*}{\Omega}$.由于上述符号不能令人满意,康托尔又曾使用 d_1 表示 $\overset{*}{w}$,用 d_2 表示 $\overset{*}{\Omega}$.事实上他一直在寻找一套统一的记号.两年之后,他决定采用 $\overline{w}$ 表示序型 w 的基数.最后,在《贡献》中,康托尔使记号标准化了,用新的符号表示,有

$$\overline{w}=\overline{w+1}=\overline{w+2}=\cdots=\overline{\alpha}=\aleph_1$$

从而记法改革上的最后一步就是 1895 年决定用 $\aleph_0$ 表示第一个超穷基数.

超穷基数记法的最终确定,在康托尔集合论历史上是不应忽视的.因为如果只限于点集,用基数来刻画各种超穷数类的特性,也许只使用 $\overset{*}{w}$ 和 $\overset{*}{\Omega}$ 就足够了,因为这时只有两类集合的基数需要考虑:第一数类和第二数类.但是随着覆盖概念的引进,第一次有可能用代数方

法区别基数.并且能够确定,任给集合 L,总能构造一个具有更大基数的集合,即 $2^\alpha > \alpha$.

基数 $\aleph_0$ 显然在有穷集和无穷集之间起着关键作用.康托尔在《贡献》的第六章,进一步刻画了 $\aleph_0$ 的特性.他指出,由于每个超穷集合 T 必有一个基数为 $\aleph_0$ 的子集,因此 $\aleph_0$ 是最小的超穷基数.康托尔还指出了从 $\aleph_0$ 出发,如何可以直接导出超穷基数的一个无穷单增序列,其中每个超穷基数被唯一确定,同时每个超穷基数都有一个确定的后继.类似的结果虽然在《基础》中已经给出,但只是在以后才获得了严格的表述形式,因为康托尔相信超穷集合论只有借助序型理论,特别是良序集概念才能得到严格的建立.尽管 1883 年康托尔首次强调了良序集的重要性,但并没有指明良序集和序型对于严格建立超穷数的意义.对新定义的超穷阿列夫,康托尔只指出它们是超过 $\aleph_0$ 的,而后就搁置一旁没再讨论.在《贡献》的第 I 部分,康托尔用最后五章专门阐述全序集的一般理论,在第 II 部分对良序集的理论做了专门的、广泛的讨论.

从点集的特例中脱离而抽象出集合理论,康托尔已经认识到仅以基数描述集合的丰富结构是不够的,必须同时搞清楚它们的纯粹顺序性质.《贡献》给出了康托尔曾发表过的有关全序集和序型的几乎全部思想的综述.

一个集合称为全序集,如果它的元素可按某种规则排序,使得对任何两个元素 m_1 和 m_2,总可以确定其中一个在另一个之前.即 $m_1 \prec m_2$,或 $m_2 \prec m_1$.而且,如果 $m_1 \prec m_2$,$m_2 \prec m_3$,则 $m_1 \prec m_3$.

例如:$(0,1)$ 中有理数 $\dfrac{p}{q}$ 的集合可按分子、分母之和的大小顺序排成一个全序集.给定两个分数 $\dfrac{p_1}{q_1}$,$\dfrac{p_2}{q_2}$,将 p_1+q_1 和 p_2+q_2 中较小的排在前面,如果 $p_1+q_1 = p_2+q_2$,则依分数的自然顺序排列,康托尔用 R_0 表示这个全序集:

$$R_0 = (r_1, r_2, \cdots, r_v, \cdots) = \left(\frac{1}{2}, \frac{1}{3}, \frac{1}{4}, \frac{2}{3}, \frac{1}{5}, \frac{1}{6}, \cdots \right)$$

其中 $r_v \prec r_{v+1}$.

接着又引进序集 M 的序型的概念:

对每个全序集 M,都相应地存在一个确定的序型,用 $\overline{M}$ 表示. 它是从集合 M 中抽去元素 m 的质的特性而只保留其顺序特性而得出的一个一般概念.

两个集合 M 和 N 的相似如前定义,只是使用特殊的记号: $M \simeq N$. 如果对于 $\alpha = \overline{M}, \beta = \overline{N}$,有 $M \simeq N$,则称序型 α 和 β 相等.

对具有序型 $\overline{M}$ 的全序集 M 抽去元素的顺序特性可以产生 M 的基数 $\overline{\overline{M}}$. 序型相同的序集,其基数总是相等的,但其逆不真.

所有具有基数 a 的全序集的序型,作为一个整体构成一个特殊的类,这个序型类用 $[a]$ 表示. 如康托尔指出,每个序型类由相应的超穷基数 a 确定,这是这个类中所有序型共有的基数. 一般来讲,确定序型类 $[a]$ 的基数 a 和序型类 $[a]$ 本身所具有的基数 a' 是不相等的,通常 a' 大于 a.

康托尔指出,任给两个全序集,如果具有相同的序型,它们总能以多种方式彼此映射. 另一方面,所有具有有穷和超穷序型的良序集,则只允许一种到相似集合的保序映射. 这一结论保证了康托尔称无穷良序集的序型为"超穷序数",称无穷集的势为"超穷基数"的合理性. 当然这里有一个重要区别,每个超穷基数并不与唯一的一个超穷序数相对应. 事实上,每个超穷基数 a 确定的只是序型类 $[a]$,最好的例子是 $[\aleph_0]$.

为了建立各种序型的联系,康托尔按照《基础》中的方法引进它们的运算,而且照例提醒大家,序型运算不满足交换律. 最后康托尔总结了基数运算和序数运算的联系:两个序数的和与积的基数等于两个序数基数的和与积,即

$$\overline{\alpha + \beta} = \overline{\alpha} + \overline{\beta}, \quad \overline{\alpha \cdot \beta} = \overline{\alpha} \cdot \overline{\beta}$$

于是,所有关于序数的算术法则同样有效地适用于相应的基数.

《贡献》的第 I 部分,康托尔还对序型 η 和 θ 做了一般刻画. 他曾用 R_0 表示 $(0,1)$ 中有理数的一个全序集,它具有序型 w. 但是这些有理数采用它们在 $(0,1)$ 中的自然顺序构成另一个序集,它具有特殊的序型 η. 这个序集中既无最大、也无最小元素,而且任何两个元素之间有无穷多个属于这个集合的元素. 康托尔认为这种特性是确定一般序型 η 的充要条件,他给出如下结果:

定理 如果一个全序集 M 满足如下条件:

(1) $\overline{M} = \aleph_0$;

(2) M 中无最大、最小元素;

(3) M 是处处稠密的,

则 M 的序型等于 η,即 $\overline{M} = \eta$.

给出具有序型 η 的集合 M 的充要条件后,康托尔设法完全一般地刻画具有更高基数的全序集的序型,特别是连续统的序型 θ. 尽管 1883 年《基础》问世不久,康托尔就给出过序型 η 的条件(当然有关结果没有在《贡献》中给出的深刻),但对序型 η 没有展开讨论. 几年后,他研究了各种刻画集合的方法,仍未得出关于线性连续统序型的新结果.《贡献》第Ⅰ部分的最后一章,康托尔做出了对这一问题的分析,还严格地阐明了一般连续统的性质,这显然是康托尔全序集理论的顶峰.

康托尔对连续统的最早分析是 1874 年关于"实数不可数"的结论,它是从线性区间的实数集中得出的. 10 年后,在《基础》中,康托尔以较一般的方式确定了连续统作为一个集合是完备的和连通的特性,但这一结果仍局限于点集范围. 当写作《第一通信》时,他曾断言,对于序型的一般研究有可能得出有关连续性的新见解. 10 年后,在《贡献》中他终于给出了这种新见解.

康托尔首先引进与《第一通信》中的主元素类似的概念:基本序列的极限元.

对于全序集 M,显然 M 的任何子集也是一个序列. 其中序型为 w 和 $^*w$ 的子集被称为 M 中具有第一种序的基本序列,序型为 w 的子集称为递增基本序列,序型为 $^*w$ 的子集称为递减基本序列.

定义 如果 M 中存在一个元素 m_0,使得对于递增基本序列 $\{a_v\}$ 有:

(1) $a_v \prec m_0$,对所有的 v;

(2) 对 M 中每个使得 $m \prec m_0$ 的元素 m,存在一个数 v_0,只要 $v \geqslant v_0$ 就有 $a_v \prec m$.

则称 m_0 为 M 中 $\{a_v\}$ 的一个极限元,或称 M 的一个主元素.

对于递减基本序列,有类似定义. 而且康托尔指出,一个基本序列

在 M 中只有一个极限元.

如果一个给定集合的所有元素都是主元素,则称这个集合为自稠密的.如果 M 中每个基本序列都有一个极限元包含在 M 中,则称 M 是封闭的.既自稠密又封闭的全序集称为完备的.如果 M 是完备的,则任何与 M 相似的集合 M' 也是完备的,它们的序型称为完备序型.康托尔认为,这些特性用来刻画任何线性连续统的序型 θ 是必要的.他得出:

定理　如果一个序集 M 具有如下特性:

(1)它是完备的;

(2)它包含一个基数为 $\overline{S}=\aleph_0$ 的集合 S,使得对 M 中的任何两个元素 m_0 和 m_1,它们中间总存在 S 中的其他元素.

则 $\overline{M}=\theta$.

至此,《贡献》第 I 部分就以对序型 θ 的一般刻画结束.

1895 年人们就已经清楚地看出,《贡献》的第 I 部分是那个时代数学的杰出贡献.无论它有多少不足,也无论还有多少提出的问题尚未解决,《贡献》仍不失为一部成功之作.在它的第 II 部分,康托尔系统阐述了良序集的一般理论,但是直到 1897 年才发表.

1893 年,康托尔发现了第一个集合论悖论,特别是最大基数悖论和最大序数悖论.可以猜测,这些悖论是他在企图建立超穷基数的可比较定理的过程中发现的.建立这一定理是为处理每个超穷基数都是一个阿列夫,以及每个集合都能良序化等问题.1895 年康托尔开始对这些问题感到忧虑,这个重要之点也许可以帮助我们理解康托尔推迟发表《贡献》第 I 部分的续篇的原因.

九 《超穷数论的奠基性贡献》的第Ⅱ部分：
良序集的研究

康托尔在《超穷数论的奠基性贡献》（以下简称《贡献》）第Ⅰ部分发表后六个月就基本上完成了第Ⅱ部分的写作. 此后他将主要精力放在连续统假设问题上，并准备将等式 $2^{\aleph_0} = \aleph_1$ 的证明写进第Ⅱ部分，但始终未能如愿. 一年半后，他还是决定尽快在《数学学报》上发表《贡献》的第Ⅱ部分.

这一部分，介绍了超穷序数和超穷基数理论大部分的重要内容. 超穷基数从 $\aleph_0$ 扩展到第一个不可数的超穷阿列夫 $\aleph_1$，阐述了良序集的特殊理论，定义了第二数类的基数. 他还大量研究了超穷算术，同时为定义超穷乘法和超穷方幂引进了超穷归纳法. 但是连续统假设问题像每个超穷基数是否都可比较等问题一样，仍未得到彻底解决. 在第Ⅱ部分，康托尔对超穷基数理论的介绍给人以一种不彻底的感觉，他对某些问题的处理也是不能令人满意的. 例如，在第Ⅰ部分，他曾对由 $\aleph_0$ 出发产生的基数序列

$$\aleph_0, \aleph_1, \aleph_2, \cdots, \aleph_v, \cdots$$

极感兴趣，而且做出承诺要建立一系列更大的基数，如 $\aleph_w, \aleph_{w+1}, \cdots$ 的存在性，证明它们构成一个无穷良序序列. 但是到了 1897 年，他既没有给出 $\aleph_w$ 的存在性证明，甚至也没有考虑任何超穷序型. 他只是精细地处理了某些特殊的良序集，却没有一般地讨论良序集的整体. 当然，康托尔在第Ⅱ部分表达了将未完成的工作进行到底的信心. 他相信自己的理论的可靠性，对所提出的某些重要问题总会给出最终答案. 作为最后的贡献，康托尔对数论进行了深刻分析，以结束超穷数的系统阐述.

在《基础》中，康托尔就已经认识到良序集对于超穷数理论的重要性，因为它们的序型构成了有穷和超穷序数. 因此在《贡献》中，他集中阐明良序集理论的基本知识，特别是与无穷集合相对应的超穷序数和超穷基数的理论.

首先，良序集概念是作为特殊的全序集引进的.

定义　我们称一个全序集 F 为良序集，如果它的元素 f 可以从最小元素 f_1 开始，以一种确定的继承次序单调上升，使得满足以下两个条件：

(1) F 中有一个最小元素 f_1；

(2) 如果 F' 是 F 的任何一个子集，而且 F 包含一个或多个大于 F' 中所有元素的元素，则 F 中存在紧跟在整个集合 F' 之后的一个元素 f'，使得 F 和 f' 之间没有 F 中的其他元素.

接着康托尔建立了如下结论：一个良序集 F 的每个子集 F' 必有一个最小元素；反之，如果一个全序集 F 的每个子集都有一个最小元素，则 F 必定是一个良序集. 他还指出，每个与良序集相似的集合也是良序集. 如果用一个良序集来替换一个良序集的元素，结果仍是一个良序集.

在《贡献》的第 II 部分，最重要的序数是如下的良序序列：

$$1, 2, 3, \cdots, w, w+1, \cdots, 2w, \cdots, vw, \cdots, w^2, \cdots, w^w, \cdots, w^{w^w}, \cdots$$

在《基础》中，这个有穷的和超穷的序数序列是由第一、第二生成原则产生的，而且通过康托尔用于确定第二数类和更高数类的极限过程指明它们的区别. 正是借助第二数类，康托尔能够最终确定第二个超穷基数 $\aleph_1$. 同样，在《贡献》的第 II 部分的前几章中，第二数类显示了特殊的重要性.

为了能够给出一个较《基础》更令人满意的基数定义，康托尔需要良序集的节的概念. 他首先扩充了 $\prec$ 的意义，用 $\prec$ 表示一个集合的所有元素在另一个集合中所有元素之前. 于是 $M \prec N$ 或 $N \succ M$ 是指 M 中每个元素在 N 中每个元素之前.

定义　如果 f 是良序集 F 中一个不同于最小元素的元素，则称 F 中所有在 f 之前的元素组成的集合 A 为 F 的一个截段（segment）. 另一方面，F 中的所有其他元素，包括 f 组成的集合 R，称为 F 的余段

(remainder). 显然 F 的截段和余段都由元素 f 确定,且 A 和 R 都是良序集,可以如下表示:

$$F=(A,R)$$

其中 $R=(f,R')$,$A\prec R.\ R'$ 是紧跟在 f 之后的 R 的部分,如果 R 中不存在不同于 f 的部分,则 $R'=0$.

截断之间的不同有如下区分:给定由 F 中元素 f 和 f' 确定的截段 A 和 A',如果 $f'\prec f$,则 A' 是 A 的截段,这时 A' 称为较小的截段,记为 $A'<A$. 显然对 F 中任何一个截段 A,有 $A<F$.

如果相似集合 F 和 G 的两个截段 A 和 B 是相似的,则确定这两个截段的元素 f 和 g 必定在两个良序集的相似映射下彼此对应.

康托尔还给出了如下定理:

定理 A　一个良序集 F 绝不与它的截段 A 相似.

定理 B　如果一个良序集 F 的每个截段 A 都有另一个良序集 G 的截段 B 与之相似,同时,对 G 的每个截段 B 都有 F 的截段 A 与之相似,则 $F\simeq G$.

定理 C　如果一个良序集 F 的每个截段 A 都有另一个良序集 G 的一个截段 B 与之相似,同时 G 中至少有一个截段没有 F 的截段与之相似,则必存在 G 的一个截段 B_1,使得 $B_1\simeq F$.

定理 D　如果良序集 G 至少有一个截段不存在 F 的截段与之对应,则对 F 中每个截段 A,必有 G 中一个截段 B 与之相似.

《贡献》第十二章的主要结果是指出了两个良序集 F 和 G 之间在相似映射下有如下关系:

定理 E　如果 F 和 G 是任何两个良序集,则或者:

(1) F 和 G 相似;或者

(2) 存在 G 中一个确定的截段 B 与 F 相似;或者

(3) 存在 F 中一个确定的截段 A 与 G 相似.

以上三种情况只成立其中一种.

良序集相似的结论对于引进超穷序数是基本的,这些序数本身构成了一个良序集.

良序集的序数犹如在全序集中那样以抽象方法引进. 即抽去集合 M 的元素质的特性而保留其顺序特性,这些元素确定了一个序型为

$\overline{M}$ 的序列. 只有彼此相似的集合有着相同的序型, 因此, 良序集 F 的序型称为 F 的序数.

给定任何两个集合 F 和 G, 如果 $\overline{F}=\alpha, \overline{G}=\beta$, 由定理 E, 只有相互排斥的三种情况:

(1) $F\simeq G$, 这时 $\alpha=\beta$;

(2) G 中有一个确定的截段 B_1, 使得 $F\simeq B_1$, 这时 $\alpha<\beta$;

(3) F 中有一个确定的截段 A_1, 使得 $G\simeq A_1$, 这时 $\beta<\alpha$.

由截段的可比较性, 如果 α 和 β 是两个序数, 则必定恰有一种情况为真: $\alpha<\beta$, 或者 $\alpha=\beta$, 或者 $\beta<\alpha$. 同时, 对任何三个序数 α, β, γ, 如果 $\alpha<\beta, \beta<\gamma$, 则 $\alpha<\gamma$. 因此得出, 所有序数的全体依其大小次序构成一个全序集.

康托尔指出, 序数的算术运算同已定义的全序集序型的运算相同, 两个序数的和、两个序数的积仍是一个序数.

对于任何两个良序集 F 和 G, 如果 $\alpha=\overline{F}, \beta=\overline{G}$, 则 $\alpha+\beta=\overline{(F,G)}$. 同时, 由于 F 是并集 (F,G) 的一个截段, 因此有 $\alpha<\alpha+\beta$. 又由于 G 无论如何不会是 G 的余段, 完全可能 G 相似于 (F,G), 其次, G 必与 (F,G) 的某个节相似, 因此总有 $\beta\leqslant\alpha+\beta$.

对于序型为 β 的集合 G 的每个元素 g, 代以一个序型为 α 的集合 Fg, 得到一个新的集合 $H. H$ 的序型由 α 和 β 完全确定、只要 F 和 G 是良序集, H 一定是良序型, 因此就可定义乘积 $\alpha\cdot\beta=\overline{H}$, 它显然是一个序数.

照例要谨慎地定义减法, 因为超穷序数的运算一般不满足交换律. 对任何两个序数 α 和 β, 如果 $\alpha<\beta$, 总存在一个满足 $\alpha+X=\beta$ 的数, 称为差 $\beta-\alpha$. 这个差是唯一的, 它是按照满足 $\overline{G}=\beta$ 和 $\overline{B}=\alpha$ 的良序集 G 及它的截段 B 如下确定的: 用 S 表示截段 B 确定的 G 的余段, 即 $G=(B,S)$, 且 $\beta=\alpha+\overline{S}$, 则 β 和 α 的差为 $\beta-\alpha=\overline{S}$.

康托尔指出, 任何无穷多个序数之和仍是一个序数, 且是唯一的, 它依赖于被加序数的次序. 显然, 这又是一个超穷序数运算不可交换的例子.

如果 $\alpha_1, \alpha_2, \cdots, \alpha_v, \cdots$ 是一个只要求 $\alpha_{v+1}>\alpha_v$ 的序数序列, 康托尔称它为"基本序列". 他首先指出基本序列 $\{\alpha_v\}$ 与相应的和 β(定义见

下)的关系：

(1)对任何 v，序数 β 大于序数 α_v；

(2)给定任何小于 β 的序数 β'，对充分大的 v，有 $\alpha_v > \beta'$.

由于 β 是紧跟在所有序数 α_v 之后的序数，很自然地，康托尔定义 β 为基本序列 $\{\alpha_v\}$ 的"极限".

$$\lim \alpha_v = \beta = \alpha_1 + (\alpha_2 - \alpha_1) + (\alpha_3 - \alpha_2) + \cdots + (\alpha_{v+1} - \alpha_v) + \cdots \quad (9.1)$$

概括前面的结果，得出如下定理：

定理 对每个序数的基本序列 $\{\alpha_v\}$，相应地有一个序数 $\lim_v \alpha_v$，它是紧跟在所有 α_v 之后由式(9.1)确定的序数.

康托尔最终希望更精细地讨论第二数类的序数. 首先他回忆在《贡献》的第 I 部分曾给出的一个结果：给定一个全序集，如果它是有穷的，则一定是良序集，从而它的序型就是一个有穷序数，而且有穷序数和与之对应的有穷基数是一致的. 但对于超穷序数则完全不同. 在《贡献》的第 II 部分，康托尔指出了良序集的超穷基数和序数的关系：

对同一个超穷基数 a，存在无穷多个序数，它们组成一个相似的"凝聚系"(coherent system)，称为"数类 $Z(a)$"，它是序型类 $[a]$ 的一部分.

康托尔已经用有穷序数 v 的第一数类确定了第一个超穷基数 $\aleph_0$. 为了引进第二个超穷基数 $\aleph_1$，他必须建立组成第二数类的超穷序数集合. 于是，在《贡献》的第 II 部分，主要讨论了有关第二数类 $Z(\aleph_0)$ 的一些结果，而且正是高阶序数的进一步展开，超出了《基础》中超穷数的数论范围.

《基础》中，康托尔曾使用很大篇幅论证他引进的第一个超穷数的合理性. 他首先定义跟在所有有穷数之后的第一个新数，随后由第一、第二生成原则给出后继序数，但他在当时对这一方法的逻辑有效性并无把握.《基础》发表后一年，康托尔认为序型概念为引进超穷数提供了最可靠的逻辑基础. 正是在《贡献》中，读者第一次看到了建立在序列基础之上的超穷数理论的精彩论述. 与《基础》不同的是，这里的生成原则用来产生更高阶的超穷序数类.

定义 第二数类 $Z(\aleph_0)$ 是所有基数为 $\aleph_0$ 的序数 α 的全体 $\{\alpha\}$.

由于康托尔准备从 $Z(\aleph_0)$ 出发定义超穷基数 $\aleph_1$，因此必须建立

$Z(\aleph_0)$ 的良序特性，为此康托尔陈述了如下几个定理：

定理 A　第二数类有一个最小数

$$w = \lim_{v} v$$

其中 $v = 1, 2, 3, \cdots$

定理 B　如果 α 是第二数类中的任何一个数，则 $\alpha+1$ 是紧跟在它之后的数，二者之间没有其他序数.

类似于全序集，康托尔定义了两个基本序列凝聚的概念.

设 $\{\alpha_v\}$ 和 $\{\alpha'_v\}$ 是两个基本序列，如果对每个 v，存在有穷序数 λ_0 和 μ_0，使得对于 $\lambda \geqslant \lambda_0$，有 $\alpha'_\lambda > \alpha_v$；对于 $\mu \geqslant \mu_0$，有 $\alpha_\mu > \alpha'_v$，这时称 $\{\alpha_v\}$ 和 $\{\alpha'_v\}$ 是凝聚的，记为 $\{\alpha_v\} \parallel \{\alpha'_v\}$.

根据这一定义，可以将关于良序集截段的结果翻译成关于基本序列极限的语言，从而得出：

定理 C　对应于两个基本序列 $\{\alpha_v\}$ 和 $\{\alpha'_v\}$ 的两个极限 $\lim_v \alpha_v$ 和 $\lim_v \alpha'_v$ 相等，当且仅当 $\{\alpha_v\} \parallel \{\alpha'_v\}$.

这一定理可以引出为证明"所有超穷序数的集合是良序的"所需要的结论.

定理 D　如果 α 是任何一个第二数类中的数，v_0 是任何有穷序数，则 $v_0 + \alpha = \alpha$；$\alpha - v_0 = \alpha$；$v_0 w = w$；$(\alpha + v_0)w = \alpha w$ 总是真的.

定理 E　如果 α 是任何一个第二数类中的数，则所有第一和第二数类中按次序小于 α 的数 α' 的全体 $\{\alpha'\}$ 是一个序型为 α 的良序集.

由此，康托尔指出，在任何超穷序数之前的序型组成的集合是良序的，所有这些序型构成的序列可由一个序数表示，同时它有唯一的基数. 对于生成第二数类的方法，有如下定理：

定理 F　第二数类中每个数 α 具有如下特性：它或者由紧挨着的那个较小的前驱 α_{-1} 产生，或者可给出这样一个第一或第二数类的基本序列 $\{\alpha_v\}$，使得 $\alpha = \lim_v \alpha_v$.

康托尔将这两种不同的生成过程分别称为第二数类的"第一生成原则"和"第二生成原则".

在《基础》中康托尔对首次提出的"第一、第二生成原则"的不同作用没有详细说明，在展开序型理论的抽象过程中，他很快发现对于序数完全可以建立类似的生成原则，而且到写作《贡献》的第Ⅱ部分时，康托尔已经发展了良序集的完整理论,从而能够成功地提供刻画第一个超穷序数的基本方法.《贡献》中借助良序集和基本序列引进的定义避免了《基础》中第二生成原则使用上的含糊性.康托尔强调,任何作为良序集序型的超穷序数 α,或者是一个确定前驱 α_{-1} 的后继,或者是基本序列 $\{\alpha_v\}$ 的极限.

详细分析了构成第二数类 $Z(\aleph_0)$ 的序型的特性之后,康托尔转而讨论在《贡献》第 I 部分回避的问题:从超穷序数的递增序列产生它的"姊妹序列"——第二和更高阶数类的基数序列.

在确定第二数类的势之前,康托尔首先证明:

定理 A 全体第二数类的数 $\{\alpha\}$ 按其大小次序构成一个良序集.

一旦建立了这一结果,有关一般良序集的结果都可以直接应用了.于是康托尔建立了超穷基数的基本定理之一:

定理 B 第二数类的所有数 α 的全体 $\{\alpha\}$ 的势不等于 $\aleph_0$.

这一结论是我们熟知的.但 1873 年康托尔第一次提出它时是就实数集而言的,而现在是在更一般的意义上建立的.既然第二数类的超穷序数集合是不可数的,它应当有一个较大的基数,康托尔将证明 $Z(\aleph_0)$ 的基数事实上是大于 $\aleph_0$ 的最小基数.在此之前,他首先证明了如下定理:

定理 C 任意一个由第二数类中的数组成的无穷集 $\{\beta\}$,或者具有基数 $\aleph_0$,或者具有第二数类的基数 $\{\bar{\bar{\alpha}}\}$.

但是,定理本身对于断定第二数类的势是大于 $\aleph_0$ 的最小基数这点并不充分,还必须证明在 $\aleph_0$ 和 $\{\bar{\bar{\alpha}}\}$ 中间不存在其他基数.这一结果可由如下定理得出:

定理 D 第二数类 $\{\alpha\}$ 的势是第二个最小的超穷基数 $\aleph_1$.

从而,对第二数类 $Z(\aleph_0)$,康托尔很自然用 $\aleph_1$ 表示它的基数.

《贡献》的后四章,专门讨论了第二数类的运算性质.

康托尔对 $Z(\aleph_0)$ 中能表示成 w 有穷次幂多项式的那些数特别感兴趣.这些数可以唯一地表示成如下形式:

$$\Phi = w^\mu v_0 + w^{\mu-1} v_1 + \cdots + v_\mu$$

其中 μ, v_0 是非零有穷数,$v_1, v_2, \cdots, v_\mu$ 可能为 0.

由于运算的不可交换性,对超穷基数加法运算需逐一定义各种情

况.给定两个超穷数

$$\Phi = w^\mu v_0 + w^{\mu-1} v_1 + \cdots + v_\mu$$

$$\Psi = w^\lambda \rho_0 + w^{\lambda-1} \rho_1 + \cdots + \rho_\lambda$$

其中,μ,v_0,λ,ρ_0 为非零有穷数,定义：

(1)如果 $\mu < \lambda$,则 $\Phi + \Psi = \Psi$；

(2)如果 $\mu = \lambda$,则 $\Phi + \Psi = w^\lambda (v_0 + \rho_0) + w^{\lambda-1} \rho_1 + \cdots + \rho_\lambda$

(3)如果 $\mu > \lambda$,则

$$\Phi + \Psi = w^\mu v_0 + w^{\mu-1} v_1 + \cdots + w^{\lambda+1} v_{\mu-\lambda-1} +$$
$$w^\lambda (v_{\mu-\lambda} + \rho_0) + w^{\lambda-1} \rho_1 + \cdots + \rho_\lambda$$

乘法运算稍复杂些.康托尔特别指出

$$\Phi w = w^{\mu+1}, \quad \Phi w^\lambda = w^{\mu+\lambda}$$

同时,由分配律

$$\Phi \cdot \Psi = \Phi w^\lambda \rho_0 + \Phi w^{\lambda-1} \rho_1 + \cdots + \Phi w \rho_{\lambda-1} + \Phi \rho_\lambda$$

于是对于上面给出的 Φ 和 Ψ,有

(1)如果 $\rho_\lambda = 0$,则

$$\Phi \cdot \Psi = w^{\mu+\lambda} \rho_0 + w^{\mu+\lambda-1} \rho_1 + \cdots + w^{\mu+1} \rho_{\lambda-1} = w^\mu \Psi$$

(2)如果 $\rho_\lambda \neq 0$,则

$$\Phi \cdot \Psi = w^{\mu+\lambda} \rho_0 + w^{\mu+\lambda-1} \rho_1 + \cdots + w^{\mu+1} \rho_{\lambda-1} + w^\mu v_0 \rho_\lambda +$$
$$w^{\mu-1} v_1 + \cdots + v_\mu$$

到现在为止,无论是在《基础》中,还是在《贡献》中,超穷数的运算一直限制在有穷指数多项式范围,没有包括 w^w 这样的数.为了引进这类数的运算,康托尔建立了超穷归纳法：

假定 $P(n)$ 是任何一个对某一最小值 n 为真的命题,超穷归纳即要证明：对任意序数 α,如果 $P(n)$ 对所有 $n < \alpha$ 为真,$P(\alpha)$ 也真.

由超穷归纳法,可以确定超穷序数的方幂.

定理 如果 $\gamma > 1$ 是第一或第二数类中的常数,ξ 是第一或第二数类中的变量,则存在 ξ 的一个完全确定的单值函数 γ^ξ,满足：

(1) $\gamma^0 = 1$；

(2)对 $\xi' < \xi''$,有 $\gamma^{\xi'} < \gamma^{\xi''}$；

(3)对 ξ 的每个值,有 $\gamma^{\xi+1} = \gamma^\xi \gamma$；

(4)如果 $\{\xi_v\}$ 是一个基本序列,则 $\{\gamma^{\xi_v}\}$ 也是一个基本序列,且如果

$\xi = \lim\limits_{v}\xi_v$，则

$$\gamma^{\xi} = \lim\limits_{v}\gamma^{\xi_v}$$

于是康托尔将有穷指数方幂扩充到了超穷序数的方幂. 他还给出了 $Z(\aleph_0)$ 中任何一个数 α 的标准表达式：

每个第二数类中的数都可唯一地表示为

$$\alpha = w_0^{\alpha_0}k_0 + w_1^{\alpha_1}k_1 + \cdots + w_r^{\alpha_r}k_r$$

其中 α_0 称为 α 的次数，α_r 称为方幂，$\alpha_0, \alpha_1, \cdots, \alpha_r$ 是第一或第二数类中的数，并且满足

$$\alpha_0 > \alpha_1 > \cdots > \alpha_r > 0$$

$k_0, k_1, \cdots, k_r$ 是第一或第二数类的非零数.

康托尔在《贡献》中对超穷集合论基本原理的阐述是十分精彩的，但他并未达到预期的目标. 人们期望在建立了第二数类超穷序数的严格基础后，进而详细讨论高阶基数，特别是期望他能履行在第 I 部分所做的承诺：不仅建立整个超穷基数序列：$\aleph_0, \aleph_1, \cdots, \aleph_v, \cdots$，而且证明 $\aleph_1$ 的存在. 然而正如我们注意到的，一旦建立了 $Z(\aleph_0)$ 的超穷序数，证明了 $Z(\aleph_0)$ 的基数为 $\aleph_1$ 后，《贡献》余下的几章专门去讨论超穷序数了，而超穷基数似乎被遗忘了. 可以说《贡献》对超穷基数的整个处理基本上是令人失望的，它给人留下虎头蛇尾的深刻印象.

在研究线性点集、写作《基础》的那段时期，康托尔的目标始终是明确的：坚定地维护超穷数的存在性和有效性，同时再三强调，新集合论将成功地处理连续和无穷的特性，也将为连续统假设的证明提供更多的依据. 但随着研究工作的深入，康托尔发现超穷序数本身的特性较超穷阿列夫更丰富，更能引起他的兴趣. 在写作《贡献》的过程中，尽管覆盖似乎提供了解决的线索，但连续统假设除了那个捉弄人的等式 $2^{\aleph_0} = \aleph_1$ 外，始终令人难以把握. 到了 1897 年，由于集合论悖论的发现，建立所有基数可比较性的无望，以及每个集合可以良序化证明的缺乏等一系列问题的烦扰，似乎促成了康托尔的选择. 与其寻求一个完全绝对的对某些具体问题的解，不如阐明超穷集合论的基本原理及其意义. 因为这一理论的抽象性及对于点集和现实空间的相对独立性决定了它对现代数学的深刻影响.

《贡献》发表后立即译成外文，康托尔的思想得以广泛传播，也在

世界范围内的数学家中引起了极大争论.但超穷集合的重要价值很快
为人们所认识.到 1895 年后,康托尔高兴地看到,他日益受到一批精
力旺盛的年轻一代数学家的支持,不久他摆脱了孤军奋战的局面,他
的超穷数理论得到越来越多的数学家的承认.尽管这一理论还有许多
问题未满意地获解,但人们已经充分认识到康托尔对现代数学所做出
的巨大贡献.

十 康托尔集合论的基础和哲学

不虚构任何假设.

——I. 牛顿

我们绝不按照自己的意图把法则强加于理智或事物,而是如同忠实的抄写员那样,从自然的启示中接收这些法则并把它们记录下来.

——费兰西斯·培根

这一天终将来临,届时那些现在对我们来说是隐蔽的东西将暴露在光天化日之下.

——《格林多一书》

这三段格言是康托尔《超穷数论的奠基性贡献》一书的开篇引言,它们事实上提供了康托尔本人关于超穷集合论解释的线索:在康托尔看来,《贡献》绝非仅仅是关于集合论和超穷数的简单表述,而就如何理解康托尔对数学本质的认识而言,其秘密就隐蔽在这三段引言之中.

然而在具体地分析康托尔所赋予这三段格言的意义之前,有必要首先介绍一下《贡献》中较具哲学味道、恐怕也不大引人注意的方面.这一著作与康托尔先前的所有著作相比,有着一些重要的区别:除去其中所包括的各种数学定理和定义外,《贡献》在哲学与方法论方面也有独特之处.围绕集合的性质展开的争论很快就被证明对于未来数学的发展有着重要的意义.

G. 弗雷格(Gottlob Frege)是康托尔理论最早的批评者之一. 早在《贡献》发表之前,他就对康托尔建立超穷数的整个规划提出了异议.尽管弗雷格是首先接受康托尔实无穷观点的人中的一个,他同时也对康托尔所用于建立超穷集合的方法的可靠性提出了实质性的疑问.

弗雷格从事数学研究的方法与康托尔有着极大的区别.弗雷格认为,算术的基本原理就其性质而言是逻辑的,因此他关于算术的分析也就突出强调了算术中的所有定理及其演绎都必须建立在逻辑的定义之上.在弗雷格看来,逻辑与算术之间并无明确的分界,因此在评价康托尔的超穷集合论时,弗雷格特别注意其中的定义.

然而,弗雷格与康托尔在一个基本点上又可以说是一致的,即二者都认为纯粹数学与感觉、知觉等完全无关.例如,在对弗雷格的《算术的基础》进行评论时,尽管康托尔不同意弗雷格的逻辑主义观点,但他仍然对后者的工作给予很高的评价.康托尔指出,弗雷格在这样一点上无疑是正确的,即为了建立算术的逻辑严格性,我们必须删除任何心理学的成分.但是当康托尔自己在从事算术的分析时,在这一基本点上却又显得模糊起来.例如,在系统展开序数理论的过程中,康托尔就把超穷数说成是由集合进行抽象的结果:"所谓一个集合 M 的势或基数,我是指抽去了集合的元素的性质,以及元素间可能的相互关系,特别是次序关系以后所得到的一般概念或普遍性质,也即所有与 M 等势的集合的共性的反映."

弗雷格对于康托尔的这种定义方法从一开始就持批评的态度. 1890 年,他起草了一篇评论文章(未发表),其中以挖苦的口气提及某些数学家对"抽象"这样的哲学概念的崇拜,就相当于原始部落的迷信:"犹如最落后的非洲的土著居民第一次看见望远镜和手表时一样,他们必定断定这些东西具有神奇的、不可思议的魔力.这也就是许多数学家对于哲学概念的态度."在弗雷格看来,康托尔正是在施展超穷的魔术,而建立在抽象之上的这种魔术则是不可靠的:"具有这种魔力的人离上帝不远了."为了表明康托尔的抽象方法是何等模糊和不确定,弗雷格还列举了一个生动的例子.设想把一支普通的铅笔放在一群人面前,让他们通过"抽去其性质"而回答"你获得了什么样的一般概念"这个问题.弗雷格猜想,人们所给出的答案是多种多样的:

某个不懂数学的人可能会回答:"纯粹的存在".

　　另一个像弗雷格那样对抽象方法持怀疑态度的人则可能会说："纯粹的无".

　　弗雷格把他设想为康托尔的学生的第三个人则回答："基数1".

　　更令人吃惊的是,我们还可能得到第四种解答："基数2". 这是因为在第四个人(他也被假设为康托尔的学生)看来,铅笔的构成要素是木头和石墨这两种不同的成分.

　　正因为不同的人可以由同一对象中抽象出不同的结果,因此,弗雷格认为,抽象方法在数学中是不能被接受的.

　　基于上面的考虑,尽管弗雷格并没有在康托尔的超穷算术中发现任何错误,但他仍然认为,康托尔的整个规划从一开始就是错误的,因为其出发点就是企图从合并成集合的对象中抽象出数的概念,而数学的确定性和严格性并不能依靠诸如抽象这样不确定的、含糊的心理学原则得到保证.

　　此外,弗雷格对康托尔关于集合这一概念的应用也提出了批评:"他在应当怎样去理解'集合'的问题上是含糊不清的."一般地说,弗雷格认为康托尔并没能为自己的基本概念中的任何一个提供令人满意的定义,而且康托尔关于集合论中最重要思想的表述也缺乏清晰性和逻辑的严格性. 在这样的意义上,弗雷格正是这样的新一代数学家的一个先行者:他们都认识到康托尔的《贡献》的价值,但又对其中的缺陷感到不满,而且这种不满又主要是从基础的角度去进行分析的. 弗雷格像皮亚诺、怀特海(Whitehead)、罗素和策梅洛(Zermelo)等人一样,认为在接受有穷和超穷数学之前必须做出严格的逻辑分析,也即必须用严格的逻辑分析去取代作为康托尔毕生研究基础的直觉.

　　尽管弗雷格与康托尔在基本观点、方法以及兴趣等方面有很大分歧,但弗雷格又强调指出,他和康托尔在一个问题上是完全一致的,即两者都承认无穷的数学的合法性. 弗雷格并在1892年做了这样的预言:一旦无穷发展到了相当高度,不可调和的两个阵营的对立斗争必将开始,而分歧就在于是否承认无穷的存在性及其逻辑的可靠性. 当然,弗雷格当时还不可能知道这一斗争这么快就开始了,也没能预料到这场斗争会带来多么巨大的破坏.

　　虽然没有任何证据能够表明弗雷格的批评对康托尔的《贡献》的

影响,但《贡献》中的确出现了一些弗雷格予以称赞的变化.例如,这一著作的第一段就以明确的词语表述了集合概念的意义.在这之前,康托尔从未费心仔细推敲这一概念;但由于这是康托尔超穷集合论中最基本的概念,因此在《贡献》中对此进行澄清就是绝对必要的.促使康托尔在《贡献》的开始部分就强调集合定义的另一个可能的重要原因是他已经在 1895 年发现了自己的超穷数的不相容性.除在 1896 年他曾写信给希尔伯特谈及这一问题以外,康托尔似乎并没有对此做出任何较为详细的讨论,而是到了 1899 年,在与狄特金的一系列通信中才重新回到这一问题上来.康托尔认为可以通过对集合的定义加以限制来排除悖论.而如果康托尔是在 1895 年初发现悖论的话,《贡献》中所给出的集合定义也就可以认为正是为了排除可能出现的悖论.

另外,在《贡献》的第 I 部分,康托尔还用了整整一章专门处理了先前没有给予特别注意的有穷基数问题.犹如集合一样,康托尔原来认为有穷数的存在性及其性质是没有问题的,但为了使《贡献》的表述完整,现在必须对有穷数的问题进行详细分析.按照康托尔的定义,有穷基数是由初始元素出发,通过连续地加入新元素而依次生成的.即如

$$E_0 = \{e_0\}, 1 = \overline{\overline{E_0}}; \quad E_1 = \{e_0, e_1\}, 2 = \overline{\overline{E_1}}; \quad \cdots$$
$$\lambda = \overline{\overline{E_{\lambda-1}}}, E_\lambda = \{E_{\lambda-1}, e_\lambda\} = \{e_1, e_2, \cdots, e_\lambda\}; \quad \cdots$$

对康托尔的有穷基数理论,一些数学家也提出了尖锐的批评.例如,除了弗雷格以外,意大利数学家皮亚诺也曾于 1895 年夏写信给康托尔对此提出疑问.康托尔在回信中指出,虽然他没有明确给出有穷基数的定义(只强调了有穷集是那些不与自身的真子集等势的集合,而有穷基数则是有穷集的势),也没能证明他所用于生成所有自然数的归纳原则的合理性,但这些不过是《贡献》,特别是第一章和第五章中所得出的那些重要结果的直接推论.康托尔还指出,数学归纳法原则并非是不可证明的假设,而是可以依据其关于有穷数序列的定义加以证明的.康托尔之所以没有像弗雷格和皮亚诺那样明确给出有穷数的定义及归纳原则,恐怕是由于他所感兴趣的主要是有穷基数之间序关系的特性,他所需要的仅仅是以 N 的序型为基础去严格地定义第一个超穷序数 w,以及 $\aleph_0 = \overline{\overline{N}}$,因此就撇开了与主要目的无关的另一

些问题.

一般地说,康托尔对弗雷格关于抽象方法的批评无动于衷,Mittheilungen中所采用的方法并无实质性改动地在《贡献》中得到保留.唯一可以说与弗雷格一致的地方就是关于任何可计数的东西都是思维的对象这一主张.康托尔在抽象问题上的上述立场,事实上集中地反映了他对超穷数及其存在性的性质的特殊见解.尽管康托尔从未在任何公开发表的论著中详细阐明自己的数学观,但他曾向法国数学家埃尔米特谈过自己的看法.在 1895 年 11 月的一封信中,他几乎用了两页纸专门讨论了关于数的性质及它们的存在方式等认识论问题.在这之前,埃尔米特曾表明了他关于这个问题的见解.

"在我看来,(所有的)数构成了一个独立存在于我们之外的真实世界,而且这一世界与我们通过感官而获得其知识的自然的真实具有同样的绝对必然性."

与埃尔米特相比,康托尔走得更远.他认为自然数的真实性和绝对合理性比任何基于真实世界并通过人的感官而感知的存在都要更纯粹.康托尔所给出的理由是:自然数,无论就个别的数或是就所构成的无穷整体而言,都具有像永恒的理念那样的最高程度的真实性.另外,针对种种反对无穷的存在性的见解,康托尔又强调指出,超穷数恰如有穷数那样是可能的和存在的,也即同样是上帝的绝对无穷及其意志的体现.

于是,康托尔理论的有效性最终就被归结到了上帝的智慧,而所有的超穷数则是永恒的理念那样的存在.这是柏拉图主义的一种极端形式,而康托尔又不断由此获得力量.正如前文所指出的,宗教的意义对于康托尔是同数学一样重要的.而从根本上说,康托尔之所以对自己的理论具有坚定的信心,就是因为在上帝那里找到了最终的支持.按照康托尔的观念,全知全能的上帝在超穷数本体论状态的判定上起了关键的作用:相容性仅能判定数学存在的可能性,而上帝的无穷权力则保证了任何可能性,也即相容思想的实现.但是康托尔并不认为数学的可能性能在经验世界获得物理的存在.他所主张的仅仅是:如果概念是相容的,它们就是可能的,而作为一种可能性,它们就必然作为一种理念存在于上帝的头脑中.这样它们也就获得了作为数学存在的权利.也正因为此,对于他的理论的种种非难都未能动摇康托尔对于超穷数理论的必然性和绝对真实性的信念.

为了澄清上述思想,康托尔还强调了作为绝对理念的部分的数与作为某个个人的有限理解力的部分的数的区别.例如,在现象学的世界中,人们可能习惯于把数看成是由给定的 n 过渡到后继 $n+1$ 这样连接而成的序列;但康托尔认为,数学中所应用的数的概念具有一种完全不同的存在性,即与其在从 0 到 1 直至无穷的序列中的位置完全无关.为方便计,康托尔认为人们可以借助序列的概念去进行思考.但他又强调指出,所有这些数又是作为单一的概念、作为单位而存在的.按照后一种理解,人们可以以集合为出发点,并必然会获得他所已经发现的结果.这样,在康托尔看来,其他的数学家可能具有与之不同的数学观的事实也就得到了解释:他们所着眼的正是表现于经验世界中的数的一个侧面.

例如,数学家在关于序数在逻辑上是否先于基数的问题上往往表现出一定的分歧.从关于基数的定义出发,康托尔需要把每一个数都看成一个独立的单位.与批评者相对立,康托尔强调指出,仅有数的序概念是不够的,因为归纳顺序虽然对于有穷数的定义是充分的,但却不能用以产生哪怕是最小的超穷数 w.从而,康托尔认为,基数的概念就至少是独立于数的序概念的.为了寻求对于这种观点的支持,康托尔最终又转向了上帝的无穷神力,犹如对于超穷数绝对真实性的确证一样,上帝也保证了康托尔关于基数的独立来源观念的正确性.

康托尔于 1888 年写给新托马斯主义者、神父杰拉(I. Jeiler)的一封信最清楚地表明了他的数学思想和宗教信仰之间的联系对于康托尔之重要.他渴望罗马天主教会能够仔细研究他对无穷的见解,以便发现其中的建设性成分,并不至于把他的理论看成是与教义相悖的异端;康托尔指出,这也将有助于教会防止神学上的危险错误.

这样,康托尔就很像是现代的伽利略(Galileo):两者都感到有责任使教会接受上帝所创造的一个世界的真实性,并承认人类有能力认识宇宙的普遍秩序.像伽利略一样,康托尔也相信,只要对他的理论进行仔细研究就会对其真理性确信无疑.更有甚者,康托尔之所以确信集合论的绝对真理性还因为这直接来自上帝的启示.康托尔把自己看成上帝的使者,认为自己之所以未能在柏林或哥廷根获得职位也是上帝的旨意,因为这样他就可以更好地为上帝和教会服务.总之,康托尔不仅由对上帝的信仰得到了鼓舞和支持,他也认为这是自己的使命,即用自己的知识帮助人们更好地认识上帝和自然.

《贡献》引用的三段格言是从不同的角度刻画了康托尔本人对于超穷集合论意义的认识.其中每一段都反映了康托尔作为一个普通的人和一个数学家的特殊个性.综合起来,它们就为理解康托尔的个人生活及其数学生涯之间的内在联系提供了一条线索.

"不虚构任何假设"是牛顿的著名格言,在三段引言中占据了特殊的位置.

具体地说,康托尔认为假设在数学中没有任何地位.他首先强调了在算术中不可能虚构假设,因为算术的基本法则是不可改变的.这也就是说,犹如 $2+2=5$ 那样是显然不可能的.任何违反算术基本事实的假设都必须看成是虚假的和荒谬的.进而,由于算术理论可以以超穷集合论为基础,通过一种十分自然,而又是绝对的方法得到建立,因此,在超穷集合论中也就不允许虚构任何假设.这意味着由于有穷算术是不可改变的,康托尔的超穷集合论以及与此相关的超穷算术也就是不可改变的.最后,所谓的不可改变性事实上也就是指理论的绝对真理性.从而,"不虚构任何假设"也就最集中地表现了康托尔的全部数学哲学:他非但确信《贡献》中所包括的结果的绝对真理性,也确信他毕生所从事的工作的绝对真理性.他建立了一个具有永恒价值的数学理论,自然性、必然性和绝对性是这一理论的本质.

第二段引言来自弗兰西斯·培根:"我们绝不按照自己的意图把法则强加于理智或事物,而是如同忠实的抄写员那样,从自然的启示中去接收这些法则并把它们记录下来."这段话同样十分恰当地反映了康托尔在数学哲学上的基本立场.它与牛顿的名言"不虚构任何假设"的选用是密切相关的,同样表明了思维的法则和数学的定律并不属于任意的虚构,而是固有的并且可以认识的.另外,这一引言中所提及的"自然",康托尔把它理解为"可能世界".(如他所说,这是对自然最广泛意义上的理解),而如果以"可能性"去代替引言中的"自然",再联想到康托尔关于可能性是由相容性所保证的,以及关于其作为永恒真理必然存在于上帝的智力中的思想,我们就可以在更深的层次上去理解这一引言对于康托尔的意义.在康托尔看来,作为数学家,其作用在于像忠实的秘书那样去记录上帝所给予他的启示,传达上帝的信息,从而《贡献》也就是对自然的数学的忠实记录.

康托尔引用的第三段格言选自圣经:"这一天终将来临,届时那些现在对我们来说是隐蔽的东西将暴露在光天化日之下."作为自然的忠实记录者,康托尔在《贡献》中所做的正是使一种对于数学家是未知的新理论揭示出来的工作.这也暗示了康托尔所具有的一个坚强信念.尽管他的工作遭受了普遍的反对,但总有一天,它会得到所有数学家的承认和赞许.

康托尔确信他的理论最终将会作为唯一可能的有穷和无穷算术得到承认.上帝是他的灵感的源泉,也是他的理论必然具有真理性的最终保证.时间将会证实他所做的一切.这样康托尔就通过自己的信仰进一步加深了这样一种思想,即他是上帝所特别选定的使者.事实上,康托尔在年轻时就已具有这样一种使命感.1862 年在给他父亲的一封信中,康托尔这样写道:

"我的心灵,乃至我的整个生命都在受到神的召唤.无论一个人企求什么,能够干些什么,也无论这一不可知的神秘声音将他引向何方,他将坚持到底直至获得成功."

十一　悖论及集合论的进一步发展

作为积极发展康托尔理论的数学家之一,弗里克斯·伯恩斯坦曾经断言,集合论将同其他理论一样,在其早期发展过程经历不系统、不完善的命运.然而他又确信,无论它最初包含有多少缺陷,超穷数理论总可在严格的意义上得到令人满意的处理.弗雷格在对康托尔的"心理学定义"提出批评时也发表了相同的见解,即认为可以对集合论的基础进行补救以保留其结果的有效性.弗雷格的乐观态度基于他对数理逻辑绝对必然性的信念,正是这种信念使他确信自己由算术向基本逻辑原则的化归不可能包含错误.因此当有人指责他在算术理论中所使用的方法的不可靠性时,弗雷格向反对者们提出挑战,要他们证明这些基本原则会导致明显的矛盾,而他自己则充满自信地断言:"没有一个人能够做到这点!"

但是罗素做到了! 正当弗雷格的《算术基础》第二卷即将于1903年出版之前,他收到罗素的一封信,其中描述了由"不属于自身的类"这一概念所导致的纯粹逻辑矛盾——罗素悖论,弗雷格为此受到极大震动.正如他所说的:"没有什么事情比在已经完成了的工作的基本前提中发现错误更糟的了."罗素悖论所引起的正是对于集合(按照弗雷格的表述,集合是概念的外延)的意义及其应用的合理性的疑问.与弗雷格先前对于康托尔关于集合的定义的批评相比,悖论的发现显然更为深刻地表明这一定义所存在的问题.因为,弗雷格的批评无非是建议用非心理学的、纯粹逻辑的形式对集合概念进行更仔细、更精确的描述,而罗素悖论却出人意料地表明了集合概念(无论是就康托尔,或是就弗雷格的表述形式而言)含有内在的缺陷.事实上,其逻辑的表述形式愈严格,它的内在矛盾就愈加明显.

弗雷格自我解嘲地说,他所能得到的唯一安慰是:悖论不仅使他,也使任何一个使用了集合或类的概念的人陷入了同样的困境.因为这里所涉及的并非是算术的某一特殊的逻辑基础是否适当的问题,而是任何一种逻辑基础是否可能的问题.而如果联系弗雷格所精心构造的逻辑主义规划进行分析,悖论所造成的灾难就更严重,因为它危及的是整个系统.

初看起来,康托尔理论的困难似乎不难解决,但随着时间的流逝,早期的解决方案经仔细研究都被证明是不成功的.从而,从集合论的基础看来就有必要做更为系统的研究.而这也就意味着康托尔所采取的素朴的研究方法的结束,代之而来的则是更为精细的公理化的研究方法."如果连数学都是不可靠的,哪里还能找到真正的知识呢!"这样,康托尔的超穷集合论的命运就直接关系到了数学的基础及其前途这一重大的认识论问题.

具有讽刺意味的是,第一个发现集合论悖论的数学家竟是康托尔本人.尽管布拉里·福蒂(Burali Forti)第一个公布了最大序数的悖论,但康托尔在这之前已经发现了集合论的内在不相容性:他在1895年就已着手研究如何排除这些悖论,并尽可能地减少因此而造成的对超穷数理论的损害.

康托尔在《贡献》的第 I 部分留下了两个没能解决的问题:连续统问题和超穷基数的可比较性问题.后者是指对于任意两个基数 a 和 b 来说,是否总有且仅有以下关系之一成立:$a<b,a=b,a>b$.康托尔相信这一结论是对的,但未能给出证明.这两个问题看来都与良序问题有关,而关键则在于是否存在其势不是超穷阿列夫的无穷集.康托尔发现,所有集合的集合正是这样一种无法对其基数进行比较的集合.由所有集合的集合出发可以得出一个具有更大基数的集合,即由其所有子集组成的集合;但由于这一集合也是所有集合的集合中的元素,从而就不可避免地产生了悖论式的结论.一个有较小基数的集合包含了另一个有较大基数的集合,这与康托尔关于集合可比较的基本结论相抵触.那么,产生这一悖论的根源是什么呢?

康托尔认为,关于所有的集合的集合的考虑包含了明显的循环,我们不能把这样的集合看成是一个完备的、自我封闭的对象. 因为康托尔在 1891 年给出的证明已经清楚地表明超穷阿列夫的序列是没有终止的,从而把所有集合的集合设想成一个确定的、封闭的总体与断定最大阿列夫的存在性同样是错误的. 另外,尽管这一分析是与康托尔关于有穷数的处理相抵触——第一个超穷数 w 产生的必要前提就是把所有的有穷数看成一个完成的、封闭的总体,但康托尔却把上述悖论看成是一种正面的结果,即对其理论的必要补充.

康托尔为什么能把悖论看成是建设性的东西,而不是整个理论即将崩溃的信号呢? 他在 1899 年夏与狄特金的通信中对自己的立场进行了解释. 在 8 月 3 日的一封信中,康托尔重复了自《基础》问世以来他所认识到的东西:超穷阿列夫序列以及相应的构造类是绝对没有止境的. 但是他当时显然未能认识到像所有序型的集合 Ω 那样的系统所包含的形式的逻辑矛盾. 当 1895 年首次考虑这一问题时,康托尔认为,Ω 作为一个良序集应当具有相应的序型. 但如果假定 Ω 的序型是 δ,显然它必定大于 Ω 中任何一个序型;又由于 Ω 中包含了所有的序型,自然也包含了 δ,这样就得出荒谬结论:$\delta > \delta$. 因此,依康托尔之见,把 Ω 看成一个整体、一个相容的集合就是不能允许的. 康托尔的这一思想体现在以下的定理中:

定理 A 所有序数组成的系统 Ω 是一个绝对的无穷、一个不相容的总体.

对于所有超穷基数组成的系统 π 也可引出类似的结论:

定理 B 所有 $\aleph_0, \aleph_1, \cdots, \aleph_v, \aleph_{w_0}, \aleph_{w_0+1}, \cdots, \aleph_{w_1}, \aleph_{w_1+1} \cdots$ 的系统 π 同样是一个绝对无穷、一个不相容的总体.

依据上述定理就可较为容易地表明前面的不相容性在康托尔那里是如何转化为正面的结果的. 康托尔由此而获得了一些用其他方法所未能得到的重要结果. 例如,利用定理 B,现在可以解决是否存在其势不是阿列夫的集合这一问题了. 康托尔的回答是否定的. 他向狄特金指出这正是 Ω 和 π 的不相容性的推论:如果存在其势不与任何一个阿列夫相等的集合 V,则由 V 的性质就可把整个 Ω 映入 V,于是有 $V' \subset V$ 且与 Ω 相似,从而 V 也就与 Ω 同样是不相容的. 这就是说,每个相容的集合都必定与一个确定的阿列夫等势.

定理 C　所有阿列夫的系统 π 即为所有超穷基数的系统.

进而,康托尔不仅可以断言连续统的基数必定为 π 中所列出的某个阿列夫,而且最终由定理 C 去解决《贡献》中所遗留下来的关于基数可比较的问题.因为定理 C 保证了所有的基数都必然是某个阿列夫,而所有的阿列夫又都是严格地可比较的.这样,借助于这一建立在所有超穷基数的系统的不相容性之上的定理,康托尔成功地解决了集合论中某些长期令人困惑的问题.当然,康托尔也清楚地认识到这一证明不是很理想.他希望能找到一个更为直接的证明,并曾为此求助狄特金,希望他能给出关于基数可比较性的更漂亮的证明.由于以后的通信大部分遗失,对狄特金是否最终解决了这一问题就无从得知了.

康托尔对悖论的轻易处置从技术上看是可以理解的.此外,他也曾为自己的立场提供了更为深刻的理由.在给狄特金的另一封信中,康托尔写道:

"如果把一个总体的所有成分看成一个整体会导致矛盾,就不应把这一总体看成一个完成的对象.我称这种总体为绝对无穷或不相容的总体."

所有超穷数的集合,就像绝对自身一样,是可以被接受的,但却永远不能被完全认识.在此,我们又看到作为康托尔无穷观的一个必不可少的因素:那种神秘和宗教的成分.康托尔总是把超穷数的无穷序列看作绝对的最好表述,而所有这些又与康托尔关于上帝的理解有着不可分割的联系.

在认识了康托尔赋予超穷数与绝对之间的这种联系以后,也就容易理解集合论悖论的发现,为什么没有使康托尔像许多数学家那样不安了.这主要是因为他已经认识到对于超穷数的整个序列是不可能进行严格的数学分析的,它作为一个整体存在于上帝的头脑中,构成了完全特殊的一类完备性,从而就超出了能够精确地予以理解的范围.

综上所述,康托尔通过相容与不相容的集合的区分以及把集合论唯一地限制于相容集合的范围,轻易地排除了集合论所造成的困难;并且,诸如对 π 那样的集合的不相容性的承认,似乎还为解决连续统假设带来了新的希望:既然所有的基数都是阿列夫,连续统作为一个

良定义的和自我封闭的集合,其基数也就必然是某一个阿列夫.从而剩下的问题只是证明等式

$$2^{\aleph_0} = \aleph_1$$

的成立.然而,这最后一步并不容易达到.而最令康托尔震惊的则是寇尼(J. C. König)在第三次国际数学家大会上声称他已经证明了连续统的势不可能是一个阿列夫!

当第三次国际数学家大会于 1904 年召开时,康托尔的声望已经得到举世公认.事实上,在 19 世纪末他的研究工作就已开始受到广泛的承认和热情赞扬.特别是 1897 年在第一次国际数学家大会上,胡尔维茨(A. Hurwitz)在对解析函数的最新进展进行概括时,就对康托尔集合论的贡献进行了阐述.三年后的第二次国际数学家大会上,希尔伯特又进一步强调了康托尔工作的重要性,他把连续统假设列为 20 世纪初有待解决的 23 个主要数学问题之首.看来《贡献》的确成功地引起了数学家对超穷数和超穷集合论的兴趣.作为这种不断增长的兴趣的一个表现,还出现了一些在不同方向上应用集合论的基本思想的著作.这方面法国表现得尤为突出.库帝拉(L. Couturat)、博雷尔(R. L. Borel)、贝尔(Baire)和勒贝格都是受到康托尔工作影响并开始在某些方面发展康托尔理论的代表人物.在 1900 年以后的 10 年里,德国也出现了许多应用或发展康托尔理论的论文,大多是由伯恩斯坦、豪斯多夫(F. Hausdorff)等人撰写的.此外,英国也出现了大量有关集合论,特别是有关悖论的文章.其中最重要的是罗素的《数学的原理》(*Principles of Mathematics*)和 G. C. 杨(G. C. Young)的《点集理论》(*The Theory of Sets of Points*)等著作.从伦敦到波兰的科拉科夫都有数学团体把康托尔选为通讯会员或名誉会员,欧洲的一些大学授予他荣誉学位.1904 年伦敦皇家学会授予他最高的荣誉:西尔维斯特(Sylvester)奖章.

然而,国际荣誉和普遍的赞誉又伴随着对于悖论及集合论基础的深入分析.1902 年,罗素已经使弗雷格(进而使一切关心形式数学的相容性的数学家)确信,在当时理解下的集合论是包含有矛盾的.而且,正像弗雷格预言的,对于康托尔的无穷理论的不同看法事实上导致了数学家的分裂.

对于康托尔来说,寇尼关于连续统的势不是阿列夫的结论是最为严重的挑战,因为正如舍恩弗利斯曾指出的,关于连续统的势是 $\aleph_1$ 的假设是康托尔的最基本的信条之一,而且寇尼的结论又表明了连续统不能是良序的,从而就构成了对康托尔每个集合都可良序化的另一信念的冲击.于是,康托尔理论的声誉似乎处于危险之中了.

寇尼的证明是应用伯恩斯坦 1901 年给出的一般定理

$$\aleph_w^{\aleph_0} = \aleph_w^{2^{\aleph_0}}$$

得到的.尽管康托尔未能立即在寇尼的证明中发现任何漏洞,但他却坚信自己的连续统假设是不可能被驳倒的.24 小时以后,策梅洛果然证明了寇尼对伯恩斯坦定理的应用是错误的.因为定理的一般形式

$$\aleph_w^{\aleph_0} = \aleph_w^{2^{\aleph_0}}$$

是不成立的.

但是,康托尔的心情并没有因此而平静下来,因为,除非能以更具有说服力的方法证明连续统的势必然为某个阿列夫,他的理论仍然随时有可能受到新的挑战.康托尔本人在这方面未能取得任何进展.然而,在这一年即将结束时,策梅洛却对康托尔的基本信条之一——每个集合都可良序化——提出了一个引起极大争论的证明.

在第三次数学家大会结束以后的一个月内,策梅洛写信给希尔伯特,告诉了自己的新结果.策梅洛先前发现了寇尼证明中的错误,而这一新结果则企图彻底解决这一问题:如果能证明任一集合都可良序化,任何挽救寇尼证明的努力都是不可能成功的了.这封信随即发表在《数学年鉴》上.然而,这一证明却未能给康托尔的集合论带来确定性.恰恰相反,而是在关于康托尔集合论的争议中增加了一个新的成分.

策梅洛的证明主要表明了如何利用其子集的良序将任一集合 M 良序化.在证明的开始部分,策梅洛使 M 的每一非空子集 N 都与 N 中一个所谓的"代表元素"n 相对应,记为 $n = \varphi(N)$,并把这个对应 φ 称为 M 的幂集 $U(M)$ 的一个"覆盖".一旦确定了这个覆盖,整个证明就没有什么问题了[策梅洛指出,以 $U(M)$ 的任一覆盖 γ 为基础建立 M 的良序的思想是属于施密特(E. Schmidt)的].

策梅洛本人对证明的关键步骤曾做了这样的描述:"对 M 的每个

子集 M',都可设想一个对应元素 m',它是 M' 中的元素,并可称为 M' 的'代表元素'."其中的措辞,特别是"设想一个对应元素 m'"是经过仔细推敲的.尽管这一论断看上去似乎没有什么问题,但选择公理的这一形式在本体论上却具有特别重要的意义.一旦数学家开始研究它的推论,就立即引起了激烈争论,在数学基础的各种流派中至今还可见到这种争论的痕迹.

可以大致勾勒一下策梅洛证明的轮廓.如下的特殊集合 M_r 称为 r^- 集,如果对 M_r 的任一元素 a 有 M_r 的由 a 确定的截段 A(A 是 M_r 中所有满足 $x<a$ 的元素的集合),则 a 总是 M_r-A 的"代表元素".正是借助于这种 r^- 集合,策梅洛得以对 M 的良序子集进行"合并",从而获得对 M 中所有元素的一种良序.按照 r^- 集的定义,他还依据元素 a 及相应的集合 M_r 的截段 A 而给出了一个特殊的覆盖.

策梅洛把 M 中所有同时属于任一 r^- 集的元素称为 r 元素,并进一步证明了"所有 r 元素的全体 L_1 可以如此予以排序,使得它自身也是一个 r^- 集并同时包含了基本集 M 的所有元素."由此即可直接得出:"M 可通过 L_1 良序化"的结论.

四年后,策梅洛又给出了良序定理的另一证明,并为自己证明的直接、清晰和简洁颇感自豪.策梅洛高兴地看到,尽管先前的证明发表后出现了种种非议,但反对者们虽经仔细检查却未能在新的证明中发现任何数学错误.他坚信这一定理赖以建立的基础是可靠的,随着时间的推移将会出现推翻各种反对意见的合理解释.但是仍有许多数学家对此持坚定的怀疑态度,他们甚至从未承认策梅洛的证明有什么价值.

策梅洛强调,他的定理的最重要推论在于:每个集合的势必定是一个阿列夫.另外,对康托尔集合论同样重要的是,良序定理还提供了关于基数可比较性的直接证明.康托尔曾断言每一集合都可良序化,但却未能提供有关证明的任何一点线索,尽管这似乎是十分可能的,因为完全可以想象出一种通过连续的选择来使给定的集合 M 良序化的方法.例如,首先可以从 M 中选出第一个元素 m_0,再从 $M-\{m_0\}$ 中选出 m_1,然后从 $M-\{m_0,m_1\}$ 中选出 $m_2,\cdots$,如果这一过程最终结束了,显然 M 就已良序化.否则我们又总可以从 M 的剩余元素中选出另一元素,如此继续下去直到穷竭 M 中的元素.特别是康托尔曾使用过这样的方法证明如下结论:如果存在这样的集合 r,其势不等于任一阿列夫,那么,这一集合就一定是不相容的.

策梅洛的工作为先前在康托尔那里只是间接给出的结论提供了直接的证明.另外,他的最大贡献则在于清醒地认识到选择公理是一个不可化归的原则.策梅洛认为这一公理是自明的,并以其在数学中广泛的、不假思索的应用作为自己的论据.然而这种论证方法却未能增加选择公理的可接受性.事实上,在 1904 年以后,在任何涉及选择公理的地方,数学家总是特别谨慎,并努力采用不依赖于这一公理的其他证明方法.

策梅洛关于良序定理的证明是纯粹存在性的,即只是断言了对任何一个集合总存在有某种良序,却未能给出这种良序的任何确定的实例,从而也就不同于康托尔关于有理数集和代数数集的基数为 $\aleph_0$ 的证明.正因为此,对于那些怀疑连续统能否良序化的人来说,选择公理就是大可怀疑的.这些反对者所涉及的事实即数学程序的有效性问题.有些数学家认为,只有有穷的证明才是完全可靠的;另一些人则持较为开放的立场.在各种可能的选择中,最严格的立场可以认为是克罗内克早期所提倡的有穷主义的追随者们的立场,这一立场最坚定、最有影响的代表人物在法国.

例如,法国数学家波雷尔对策梅洛的证明做了如下分析:策梅洛所企图解决的是如下主要问题:

A:给定任何集合,把它表示成一个良序集.

这一问题又被归结为另一问题:

B:对于集合 M 的任一子集 M',以一种确定的方式选出 M' 中的一个"代表元素"m',并对 M 的所有子集 M' 都实施这样的选择.

其次,波雷尔指出,这两个问题并非等价.因为,虽然由 A 的解必定可以产生 B 的一个特定解,但其逆并不显然为真.具体地说,波雷尔认为,B 并不能真正提供 A 的解,因为策梅洛并未对 M 的所有子集的代表元素的选择提供至少是一种理论的方法.在波雷尔看来,策梅洛的选择过程并不比企图通过从一个集合中逐次选出一个元素直至终止的方法更严格,而只要其中包括了不可数无穷多次的选择就应当加以拒绝,因为这种推理已经完全超出了数学的范围.

波雷尔的反对在法国数学家中引起了极大反响.波雷尔、贝尔、阿达玛(Hadamard)和勒贝格之间的通信集中地反映了他们之间的分歧.这四个人中似乎只有阿达玛赞同康托尔和策梅洛的立场.阿达玛强调指出,实际地确定所说的对应方法与这种对应是否存在是两个不同的问题.策梅洛所考虑的仅仅是前者,而波雷尔则提出了策梅洛未曾说明也未曾想到的新的要求.此外,贝尔则采取了比波雷尔更为保守的立场,他认为在严格的数学中即使是可数的无穷也是不能允许的.这事实上就是主张数学应当回到有限的范围.最后,勒贝格则对问题进行了澄清.例如,勒贝格指出,全部争论的焦点事实上可归结为如下问题:我们能否论证一个数学对象的存在而不给出任何定义.勒贝格在此所说的"定义"是指人们应当指明所定义的成分的特征性质.和波雷尔及贝尔一样,勒贝格对上述问题所给出的也是否定性的解答.特别地,勒贝格认为:对于"选择"来说,我们必须能够指明所选择的元素,也即必须表明所说的选择是按照怎样的方法进行的.从而,在勒贝格看来,策梅洛的证明就是不能被接受的.

除了策梅洛的证明以外,集合论悖论也是数学家特别关注的问题.布拉里·福蒂首先将超穷集合论的悖论公之于世.依他之见,这些悖论表明了序数和基数的不可比较性.罗素在《数学原理》中则表明了如下的意见:布拉里·福蒂关于最大序数的悖论表明所有序数的集合并非是良序的.此外,朱得因倾向于康托尔的解释,即认为应把所有序数的集合看成不相容的系统.而伯恩斯坦则认为悖论本身是不能允许的,因为其构造过程中已包含了内在矛盾.

事实上,数理逻辑为解决集合论悖论提供了最为理想的前景.这一观点的最坚定倡导者是罗素.尽管弗雷格的《算术基础》已经遭受到罗素悖论引起的严重打击,但罗素仍然相信弗雷格倡导的逻辑方法是最可取的.由于认为弗雷格的错误存在于其所采用的基本法则中,因此,在罗素看来,必须对算术和所有数学赖以建立的基本逻辑前提进行仔细的检查.

与康托尔及布拉里·福蒂所发现的悖论相比,罗素悖论是更为基本的,因为前者分别局限于超穷基数和超穷序数范围,而罗素悖论则并不涉及任何超穷数的性质或算术的考虑.罗素通过分析引出这样的结论,即认为诸如"x 不是一个属于自身的类"这样的性质是不能用来定义集合的.一般地说,罗素认为,我们应对能够定义合法集合的"谓状词"与不能够定义合法集合的"非谓状词"明确地加以区分.这最终就导致了他的类型理论的发展.

罗素和怀特海合著了《数学原理》,希望能证明数学可以化归为严格的符号逻辑,也就是希望能在一个完全相容的框架中建立康托尔集合论的主要结果.然而,罗素和怀特海的目标很快就被证明是不可能达到的.因为,随着理论的展开,不断增长的复杂性使得整个规划失去了原来所希望的简单性和自然性.另外,用以排除悖论的限制使这一结果显得十分做作.对大多数康托尔同时代的数学家来说,《数学原理》是一部枯燥乏味,几乎无人问津的著作.

新的希望来自德国.以希尔伯特为首的数学家认为可以应用形式的公理化方法治愈由于悖论的发展而得以暴露的数学疾病.希尔伯特曾用这一方法成功地证明了几何的相容性,因此似乎没有理由怀疑对集合论也可获得同样的结果.这样,集合论的公理化工作就在德国的形式主义者那里得到了重要的发展,而其目的则在于重建康托尔的集合论,并最终结束在数学可靠性问题上的争论.

希尔伯特在 1900 年研究了实数系的相容性问题.希尔伯特之所以关心这一问题不仅是因为康托尔曾把集合论悖论的发现首先告诉了他,而主要是因为希尔伯特本人所给出的关于几何相容性的证明是相对于实数系的,这样,对实数系相容性的怀疑也就必然影响到他在《几何基础》中所获得的结果.希尔伯特的方案是:首先列举出称为数的初始概念;然后,通过引进公理来确定原始项之间的各种关系.希尔伯特所引进的公理包括确定各种算术运算、交换律、结合律、序关系的公理,以及连续性公理和所谓完备性公理,后一公理断定的是除去开始时所假设的数,也即初始概念以外,由所列举的公理不可能产生其他的数.希尔伯特希望能证明这样建立起来的数的公理系统是相容的和完备的,接下来再证明它与熟知的实数系是对应的.

形式公理化方法的优点在于它为证明所构造的系统的相容性提供了可能性.又由于按照希尔伯特的形式主义数学哲学,数的存在性就相当于相容性,因此关于相容性的证明保证了相应对象的存在性.

希尔伯特所给出的是实数系的公理系统,策梅洛则追随他提出了集合论的公理系统.与康托尔提出的关于相容集合和不相容集合的区分——这一方案和其他类似的方法显然不足以保证同样也适用于将来所可能发现的新的悖论——不同,策梅洛希望能用公理化方法建立这样的系统,它既保留了集合论的基本内容,同时又排除了任何可能的悖论.

1908 年,策梅洛不仅发表了关于良序定理的新的、改进了的证明,还在《数学年鉴》的同一期上发表了论文"*Untersuchungenüber die Grundlagen der Mengenlehre. I.*". 论文的开首部分明确地强调了集合论在数学中所占有的重要地位.策梅洛指出,集合论是研究数、序关系以及函数关系的基本概念的数学分支,从而也就是算术及分析的逻辑基础.一般地说,策梅洛认为,集合论对任何数学学科来说都是一个不可缺少的部分.尽管悖论对集合论造成了一定的威胁,但是,策梅洛希望,他的工作能够证明这样一点,即利用公理化方法可以将这种威胁削弱到最低限度,从而,集合论的公理化就是对悖论的一剂有效的"解毒良药".

策梅洛的工作代表了一个新的研究方向,尽管就集合论的完全的、成功的公理化而言还有大量的工作要做.作为这一方向上的第一步,策梅洛努力分离出了康托尔集合论中作为整个系统的必不可少的基础的一些基本原则.策梅洛认为他的工作是成功的.即一方面对集合论的基本成分做了足够的限制,从而从他的公理中不会产生任何矛盾;另一方面,这种限制又并没有排除集合论中任一基本的和有价值的部分.他承认还有不少困难,除去公理的独立性尚未得到证明以外,整个系统的相容性更是一个有待深入研究的复杂问题.

弗雷格 1892 年关于数学未来命运所作的断言不到十年就被证实了.无穷问题把数学家带到了不确定的边缘.数学家之间的分歧是与康托尔的超穷数的性质及其合法性的不可调和的观点对立的必然产物,关于策梅洛良序定理的证明的争论则使这种对立变得明朗起来.所有的人都渴望能解决悖论的问题以重建先前对于数学严格性和确定性的信念,但他们为达到这一目标所选择的道路则是很不相同的.

以庞加莱为代表的直觉主义者认为,数学知识来源于人的直觉,也即康德的所谓"先天综合判断".他们反对罗素企图把数学化归为逻辑的主张.庞加莱断言,如果逻辑主义是正确的,数学就只不过是重言式的复杂系统,但事实上数学的内容要丰富得多.另外,庞加莱还认为,数学的确定性仅限于有穷论证的严格界限内,康托尔的集合论所包含的则仅仅是矛盾和无意义的概念.在庞加莱看来,集合论的悖论已经证明了康托尔的理论是侵害数学机体的传染病毒,对此庞加莱的医治是硬性的:将康托尔的全部理论从可靠的有穷数学中断然排除.

然而,并非所有直觉主义者都如此苛刻.例如,尽管波雷尔强烈地倾向于有穷数学,但他仍然认为应当允许部分地接受康托尔的工作.与庞加莱不同,波雷尔并不认为康托尔的超穷集合论是完全没有价值的,而宁愿把这一理论比拟为数学物理,在这种意义下,集合论并不代表任何真实性,而只是一种可以用以发现新结果的向导,对于所获得的结果则必须用其他可接受的方法去加以检验.在波雷尔看来,集合论就像是一根数学的魔杖,我们既不应过分相信它,也不必太认真对待它,如果它能产生新思想,就不妨把它看成是一个默默无言的伙伴.但是正如弗雷格所提醒的那样:我们不能期望无穷像一个举止文雅的小孩,他的存在既让人看不到也听不见.康托尔已经使无穷成为一种数学理论,从而任何人都不可能把它从数学中排除出去而不遭到激烈的反对.

罗素是坚决反对直觉主义的.他断言所有的数学最终都可化归为纯粹的逻辑原则,因此任何关于实在、感觉和直觉的考虑在数学中都是不具有任何地位的.对于逻辑主义者,数学涉及的只是符号的恰当使用,它的定义和操作的规则完全是任意的,唯一的限制只是在于合法地断言一个逻辑系统的存在性之前必须确实保证其中不会产生矛盾.但是,这种逻辑主义的解释使得大部分已建立的数学理论显得十分贫乏.逻辑的形式特性似乎抽掉了数学的真正灵魂.

在所有人之中,那些采用了公理化方法的数学家应该说是最忠实于康托尔集合论的基本内容和精神实质的了.他们希望通过公理化而建立集合理论的相容性和数学的合法性.策梅洛希望能将集合论的基本原则归结为最小数目的自明的公理,由这些公理出发既能导出传统集合论的基本结果,同时又消除了任何产生悖论的可能性.弗兰克尔、豪斯道夫、冯·诺依曼(J. von Neumann)、贝尔奈斯(P. I. Bernays)、斯科伦(Skolen)和哥德尔(K. Gödel)等人先后也加入了这一行列.

然而,哥德尔 1931 年发表了一个惊人的结果.他的著名的不完备性定理表明,如果完全局限于公理化所界定的范围,要证明集合论的相容性是不可能的,也即必须求助于外部的或更高的原则.特殊地,哥德尔还证明了任何足够丰富的,也即足以包含初等算术的形式系统中,总存在既不能证明也不能否认的命题,它们是不可判定的.看来康托尔的连续统假设很可能就是这样一个不可判定的命题.

尽管公理化集合论很可能无法确定连续统的势,但却可以证明连续统假设可以加到相容的公理系统中而不会造成悖论.这是哥德尔在 1936 年获得的结果.他成功地证明了连续统假设和选择公理对于现行的集合论公理系统的相对相容性.其后科恩(P. J. Cohen)又于 1963 年证明了连续统假设和选择公理在策梅洛的公理系统中都不可能得到证明.这样,上述关于连续统假设不可判定性的猜测也就在策梅洛的公理系统中得到了证实.

两年之后,在哈佛大学演讲时,科恩预言,也许有一天数学家会得出连续统假设是假的结论,因为连续统所涉及的是较为复杂的幂集的概念:利用超穷指数我们可以由任一集合产生完全不同的、并具有更大基数的集合,而 $\aleph_1$ 所涉及的则是较为简单的、可以仅由第一、第二生成原则产生的数类 $Z(\aleph_0)$,怎么能够想像它们具有相同的势呢!科恩猜测 $2^{\aleph_0}$ 可能会大于任何阿列夫.这一解释事实上并不新鲜,因为早在 1905 年贝尔在给波雷尔的信中就曾依据同样的分析断言,连续统的势一定超出了任何可数无穷序型的类所能描述的势.

正如弗雷格曾预言的,集合论将数学家带到了令人惊惶的危险边缘,康托尔的无穷动摇了数学具有永恒的确定性的传统信念.尽管康托尔从未怀疑过他的理论的有效性,其他一些较为保守的数学家却拒绝追随他进入《贡献》所描绘的不确定领域.康托尔终其一生未能解决的连续统假设问题,至今仍是一个谜.

十二 康托尔的个性

　　人们往往习惯于对数学家的数学思想而不是个人经历进行评价，似乎他们的经历和所做的工作是彼此孤立的.数学工作向来构成人们研究问题的中心，而个人经历也许只能引起某些传记作家的兴趣.为了说明为什么在那个年代形成和发展了超穷集合论，也为了使读者对数学进展及科学创造的一般性质有一个更好的理解，作为本书的结尾，我们准备对康托尔这个极富创造性的天才人物的个性，包括心理因素以及它们对集合论发展所产生的影响作一较详尽的分析.

　　为什么康托尔能不顾众多数学家、哲学家，甚至神学家的反对，坚定地捍卫超穷集合论？他的科学家气质和性格如何影响了集合论的早期发展？如果仅限于对康托尔著作的研究，是不可能找到这些问题的令人满意的答案的.本章提及的材料将涉及康托尔的家史，包括他个人的病史以及康托尔与家人的通信.希望根据这些材料能给出康托尔个人生活的大致轮廓，并通过对康托尔个性的分析，揭示出这一创造性个体的智力发展特性，从而更深入地了解超穷集合论在其创立者手中得以繁荣的真正原因.

　　康托尔的个性的形成，在很大程度上受到他父亲的影响.康托尔的祖父、祖母曾居住在哥本哈根，1807 年英国炮击哥本哈根时，他们家几乎丧失了一切，随后迁往俄国彼得堡，那里有康托尔祖母的亲戚.康托尔的父亲乔治·魏特曼·康托尔（Georg Woldemar Cantor）出生于 1814 年 3 月 24 日.他是在福音派新教的影响下成长起来的.

　　1842 年 4 月 21 日，乔治·魏特曼与鲍约姆（M. A. Böhm）结婚.他出生在圣彼得堡，是罗马天主教徒.婚后有六个孩子，康托尔是老大,他们都受了路德教洗礼,并从此由父亲给予严格的宗教方面的教育.康托尔父亲强烈的宗教意识几乎在他给康托尔的每封信中都明显地反映出来.有一封信始终陪伴着康托尔,其中,乔治·魏特曼对他儿子的前途做了不可思议的预见,这封信是值得大段摘录的:

"亲爱的乔治,一个人的前途和命运对他来说是隐藏在最深层的.没有人能事先知道他会陷于何等的困境中,也没有人能知道在生活的各个阶段将与怎样的不可预见的困难作斗争."

"那些从事具体工作的成功者在最初的斗争中经过软弱无力的抵抗后曾饱尝过多少痛苦和失败,他们士气衰落,充其量不过是失败的天才.然而那些年轻人——即使具有最好的天赋——将遭遇到如此命运都是很自然的."

"他们所缺乏的是从事任何事业都必不可少的一种坚定信念.请相信我,你最忠诚、最可靠、最有经验的朋友,这种信念是一种真正的宗教精神.它通过我们对上帝的最崇高的敬意、最忠诚、谦卑的情感体现出来,这种情感坚定着我们对上帝不可动摇的信仰,它存在于我们同上帝默默地虔诚的交流中."

"但是为避免在追寻事业成功的努力中由公开的或秘密的敌人的妒忌和诽谤造成的困境,也为了克服各种艰难困苦,一个人首先必须获得最基本和最广泛的专业知识和技能.这对一个勤奋而有抱负的、不甘被自己的敌人挤掉而退居二、三流的人来说是绝对必要的."

"为了掌握广博而精深的科学知识和实际技能,为了学习好外语和文学,为了在人文科学的各方面得到发展——这些都是你生活中注定要实现的目标——你必须十分清醒地认识到,任何过早地挥霍自己的时间和精力的行为都将使这一切付之东流."

"你的父亲,或者说,你的父母以及在俄国、德国、丹麦的其他家人都在注视着你,希望你将来能成为科学地平线上升起的一颗明星."

"愿上帝赐予你力量和耐心,给予你健康的体魄和健全的性格.愿上帝保佑你永远沿着他所指引的道路前进.阿门!"

乔治·魏特曼对他15岁儿子的忠告在很大程度上是他自己的切身体会.他本人曾深深地受到教育他的宗教家庭的影响,而且决意将这种影响传给他的子女.年轻时,乔治·魏特曼曾在圣彼得堡从事商业活动.1834 年开始从事国际买卖,交易面包括汉堡、哥本哈根、伦敦甚至远及纽约.1839 年由于某种原因他破了产,但他又以极大的热情将才能转到股票交易上,并很快获得了成功.当 1863 年 6 月因患肺结核去世时,乔治·魏特曼为他的家庭留下了 50 万马克的遗产,更为重要的是他使儿子具有争取在事业上取得成功的强烈愿望和为克服一切困难所抱有的坚定信念.显然康托尔是按照父亲的谆谆教导尽了最大努力的.

离开俄国后,康托尔一家曾暂居德国的威斯巴登(Wiesbaden).年轻的康托尔在一所寄宿学校读书.临走时,操行评语上写着:"他的勤勉和热情堪称典范,在初等代数和三角方面成绩优异,其行为举止值得赞扬."康托尔是一个有很高天赋,发展全面的学生,在数学方面尤为突出.1862 年 8 月他在 Reifepriifung 学校经过考试被确认具备了从事自然科学的第一流预备知识和能力.最初他的父亲并不希望他儿子献身纯粹科学,但是康托尔却越来越强烈地受到数学的吸引.1862 年,年轻的康托尔做出决定准备献身数学.尽管他父亲对这一选择是否明智曾表示怀疑,但仍全力支持康托尔.对此,康托尔的喜悦心情流露于他给父亲的信中:

"亲爱的父亲,您能够想象到您的信带给我多大的欢乐,它决定了我的未来.过去的几天里,我一直处在困惑和迷惘中,我无法做出决定,我的愿望和我的责任感不断发生冲突.然而当我得知按照自己的愿望做出的这一选择没有使您感到不安时,我真是无比欣慰.亲爱的父亲,我希望有一天您将为您的儿子感到骄傲.我的心灵,乃至我的整个生命都在受到神的召唤,无论一个人企求什么,能够干些什么,也无论这一不可知的神秘声音将他引向何方,他将坚持到底直至获得成功."

显然康托尔从一开始就感到了献身数学的内在动力.康托尔的父亲以极大的热情关注着儿子的事业,并且强调广泛学习各学科知识的重要,他还极力培养他儿子在文学、音乐等方面的兴趣.当他得知康托尔对莎士比亚(W. Shakespeare)的系列讲座感兴趣时十分高兴,甚至还邀请康托尔组织的弦乐器重奏小组到法兰克福过圣诞节.康托尔在绘画方面表现出的才能使整个家庭为之自豪.

　　康托尔的父亲是一个明智而有天赋的人,他深深地爱着自己的子女,希望他们都能走上成才之路,而对康托尔则寄予厚望.当康托尔开始自己的生活道路时,他最大的希望就是满足父母的愿望.除此之外,那种深笃的宗教信仰、强烈的使命感始终带给他以勇气和自信.正是这种坚定、乐观的信念使康托尔义无反顾地走向数学家之路并真正取得了成功.

　　1884年春,康托尔第一次经受了精神崩溃的打击.他刚刚结束了一次愉快的旅行从巴黎回来,在那儿他遇到了许多法国数学家,例如埃尔米特、皮卡特(Picard)和艾博(Appell).他很高兴看到法国数学家对超穷集合论及其在函数分析上的应用感兴趣.但是几天后他就发病了.不知道导致发病的真正原因,通常的说法是由于克罗内克的长期反对和连续统假设问题迟迟得不到解决造成的.8月18日,康托尔写信给米塔格-莱夫勒说,他的精神崩溃不是由于过分劳累造成的,而是与他长时期地和克罗内克相对立有关.他希望永远不再受他的纠缠,而最好的办法是正面解决问题.在给米塔格-莱夫勒写信的同一天,康托尔给克罗内克写了封信,对他们之间的对立感到不安,希望实现某种和解.8月底,克罗内克寄来一封很有礼貌,甚至是非常友好的回信,其中回忆起康托尔在柏林时他们之间如何亲密,并对他突然提及的所谓对立表示惊奇.这封信曾使康托尔感到过一些安慰.

　　康托尔第一次精神崩溃的时间持续较短,大概不超过一个月.到了秋天,他慢慢恢复了创造能力,回到数学上,并继续试图解决连续统假设问题.但他的态度逐渐发生了实质性变化,疾病给他带来了一段消沉时期,他甚至对超穷集合论也失去了信心,开始越来越多地转到文学和历史等方面,并力图证明培根是莎士比亚戏剧集的作者.他似乎感到唯一地献身于数学过于专一,代价太大了.他希望减轻那种埋头于数学研究所造成的精神紧张状态,以避免疾病再度复发,甚至要求从讲授数学改教哲学.

　　然而这些只能得到暂时的缓解,疾病终于又复发了,而且次数越来越频繁,周期越来越短,病情越来越严重.1899年,康托尔又面临着一系列来自事业和家庭生活方面的打击.夏天,集合论悖论萦绕在康托尔头脑中,其他老问题的解仍然毫无线索.他陷入了失望的深渊,请求停止秋季学期的教学工作,并给文化大臣写信,要求完全放弃哈勒大学的职位,情愿在某个图书馆找到一个较轻松的工作.但康托尔的请求没有任何结果,他仍留在哈勒,而且这一年大部分时间是在医院度过的,同时不断传来家庭的不幸消息.

在他母亲去世三年后,康托尔的弟弟康士坦丁(Constantin)也在从部队退役后去世了.12月16日,当康托尔正在莱比锡发表关于培根-莎士比亚的演讲时,得到了将满13岁的小儿子鲁道夫(Rudolf)去世的噩耗.鲁道夫极有音乐天赋,康托尔希望他继承家族的优良传统,成为一个著名的小提琴家.康托尔在给克莱因的信中流露了他失去爱子的悲痛心情,并回忆起自己早年学习小提琴的经历,对放弃音乐转而成为一名数学家是否值得表示怀疑.遭受了一系列打击之后,当年他献身科学的那种热情似乎减退了.1862年那个召唤他去从事具有挑战性事业的神秘声音似乎也消失了,一切都湮灭在接踵而至的不幸中.到1902年,康托尔勉强维持了三年的平衡状态,重被送到医院.从此他经常出入哈勒的 Nervenklinik 精神病院.

1904年,康托尔在两个女儿陪同下参加了第三次国际数学家大会,寇尼的报告使他感到很不安,他并不为自己的理论可能出现错误而恼怒,而是为自己受到的侮辱、为公众对他工作所抱的态度愤愤不已.会议临近结束时他仍处在一种焦虑不安的状态中.据说有一天吃早饭时,他突然十分激动地喊起来:我发现了寇尼证明中的错误! 显然长期的紧张和忧虑对他身心摧残太大了,他立即被送往医院.其后他在 Nervenklinik 医院度过了漫长时期.1917年5月他最后一次住进这所医院,直到逝世.

夏季过去,冬季来临,第一次世界大战仍在继续.从保留下来的照片中可以看到康托尔消瘦、憔悴的脸庞,他的眼睛依旧有神,却已失去了昔日的光彩.1918年1月6日,康托尔在精神病院与世长辞了.但是正如爱德蒙德·兰道(Edmund Landau)写给康托尔夫人的信中所说,康托尔和他所代表的一切是永存的,人类应当感谢被赐予了康托尔这样一个伟人,未来的一代将从他的著作中受到教益.

对康托尔的个人经历和精神病史有了较为详尽的了解后,可以说导致康托尔消沉的原因是多方面的.格拉顿-盖纳斯从临床角度根据现存的病历对康托尔的病因进行分析,他指出,康托尔的精神病基本上是一种内在型的,也许是狂郁症的某种形式.外部因素,诸如科学研究中的困难,与他人的争论,看来仅仅起了很小的作用,犹如导致雪崩的第一次震动.因此,即使康托尔过着普通人的生活,也可能会突发这种疾病.

康托尔在熟知他的人中,向来以精力充沛、富有个性、易于激动著称.他兴趣广泛,聪明过人,在各种争论中锋芒毕露,充满生气,乐于在题材广泛的讨论中起支配作用,并不时发表一针见血的见解.像许多具有不平凡性格的人一样,他总感到自己受到许多人的迫害,他认为这些人害怕他的研究成果公之于世,害怕它产生巨大影响,他经常处于某种精神紧张状态.

1884 年,康托尔就已出现了精神病的种种先兆,在这之前,还多次出现情绪消沉时期.这些更加有力地支持了这样一种看法,即认为康托尔的精神病并非确定地来自外部因素.自从他父亲去世后,他失去了那种难得的理解和支持,不得不独自为实现自己的目标而努力,他感到了孤立无援.

关于康托尔的个性,保留下来的材料确实太少了,因此历史学家或者保持缄默,或者尽可能做出各种猜测.依据我对康托尔的分析,相信以下的简单结论还是较为可靠的,尽管我还不能提供详尽的证据.

乔治·魏特曼努力培养儿子建立起一种信念:一个人借助上帝的力量和艰苦努力必定会取得事业上的成功.康托尔一直被期望成为数学界的明星,他自己也曾表示一定要取得成功.这种强烈的成功欲望不断地激发他献身科学的热情;然而,由于克罗内克等人的反对,以及解决连续统假设问题屡遭失败,极大地妨碍了这种成功欲望的满足.这种不满足与后来的不安定情绪自然地联系起来,不可避免地诱发一次次的精神崩溃.另外,导致康托尔抑郁症的一个更深刻根源可能与他强烈的宗教意识有关.

康托尔曾描述他在住院期间的感受.由于获得了暂时安静,他得以在静静的思考中感受到神灵的启示,能够听到上帝神秘的呼唤.1908 年,经历了漫长的隔离时期,康托尔写信给他的朋友说:"一次特殊的命运——感谢上帝——并没有使我毁灭,反而使我更加坚强,比以往对前途更加乐观了……虽然我远离家人,甚至远离世界,但1907年10月到1908年6月,在漫长的隔离中我从未停止过对数学,尤其是对超穷数理论的思考."对于康托尔所赋予超穷数的神秘宗教色彩不应当仅仅看成是一种心理变态,更不应当将它与康托尔的数学研究割裂开来.康托尔集合论中的神学色彩虽然对于理解其数学内容无关,但对于充分认识他的理论的创立和发展却是绝对必要的.

仔细阅读康托尔的《基础》前几章,就可知道他的哲学兴趣如何影响了他关于集合论的表述.如我们所知,他详尽地讨论了无穷的哲学,希望驳斥有关实无穷的传统见解.当然,《基础》中的哲学风格对于集合论的传播是一个障碍,克莱因和米塔格-莱夫勒都曾指出过这一点.但康托尔坚持认为他的无穷的数学和无穷的哲学是不可分割的.超穷集合论中许多思想与其说是数学的,不如说是哲学的.因而许多年里,一些数学杂志把集合论归为哲学一类.直到没有明显的哲学味道的《贡献》发表之后,超穷数理论才开始为世人所普遍接受.如果说哲学思想影响了康托尔对集合论的表述和早期的可接受性,那么相反,深刻的宗教信仰则决定了他在集合论事业上的成功.虽然经历了精神病的折磨,他曾几度失去信心,但最终总能为自己寻找到新的力量源泉,重新振作精神,为捍卫他理论的真理性而斗争.

他曾充满自信地说:"我的理论犹如岩石一般坚固,任何反对它的人到头来都会搬起石头砸自己的脚……因为多年来,我从各方面对它进行了考察,并对所有反对意见做了分析,更重要的是,我已追溯到这一理论最终无可怀疑的根源."

这种不可动摇的信念伴随康托尔度过了最困难时期.如果没有来自非数学的宗教信仰的支持,他不可能有那么大的勇气面对数学史上前所未有的激烈风暴,也不可能承担起上帝使者的使命捍卫超穷数理论的真理性.康托尔确信一旦数学家仔细研究了他的工作,整个超穷集合论将在他所奠定的基础上更加壮大起来.

尽管与克罗内克的持续冲突伤害了康托尔的身心健康,但为了替自己的理论辩护,他不得不仔细考察集合论赖以建立的基础问题,不得不追求以一种数学上可接受的较严格的方法展开他的理论.也许没有来自有穷主义者和直觉主义者的无情批评,康托尔永远写不出像

《贡献》那样系统阐述超穷集合论的成功之作.

　　未来的一代或许会忘记康托尔关于无穷的哲学见解,完全忽视康托尔理论成功的深刻宗教根源,但在超穷数和超穷集合论的建立和发展中,它们确实起了不可忽视的作用.正是它们,使得康托尔的理论在充满怀疑和排斥的气氛中得以生存,并最终成为 20 世纪科学思想史上最富生命力的伟大创举.

编译者后记

周·道本(Goseph Dauben,1944 年生)是美国纽约市立大学赫伯特·莱曼学院的科学史学和历史学教授,数学史国际委员会现任主席、纽约科学学会会员、国际科学史学会通讯成员,并曾担任国际性杂志《数学史》的编辑.道本先生长期从事科学史,特别是数学史的研究,曾发表过大量论文和著作.《康托尔的无穷的数学和哲学》即是其主要著作之一.

作为集合论的创建者,康托尔在数学史中占有特别重要的地位.道本先生在《康托尔的无穷的数学和哲学》中着重从数学和哲学两方面对超穷数理论的历史发展进行了论述.读者不仅可以从中了解到数学史上的事实,而且还可以从更广泛的角度,受到一定的启示和教益.

《康托尔的无穷的数学和哲学》原书由美国哈佛大学出版社1979 年出版.全书篇幅较多,鉴于此丛书的目的和要求,我们采取了编译的办法.由于水平有限,不当与错误之处难免,希望读者予以批判、指正.

本书在编译过程中自始至终得到道本先生的热情支持和帮助,特向他表示诚挚的谢意.也正是为了表示对原作者的尊重,我们按照他本人的意见,采用了"周·道本"的译名.

王建午教授曾阅读了本书初稿,并提出了宝贵意见,在此向他表示由衷的谢意.

人名中外文对照表

G. C. 杨/G. C. Young

G. 恩斯特约姆/Gustar
　　Eaeström

G. 弗雷格/Gottlob Frege

阿基米德/Archimedes

阿达玛/Hadamard

埃尔米特/C. Hermite

艾博/Appell

爱德蒙德·兰道/Edmund
　　Landau

爱因斯坦/A. Einstein

柏拉图/Plato

鲍约姆/M. A. Böhm

贝尔/Baire

贝尔奈斯/P. I. Bernays

贝克莱/Berkeley

波尔查诺/B. Bolzano

伯恩斯坦/Felix Bernstein

博雷尔/R. L. Borel

布拉里·福蒂/Burali Forti

策梅洛/Zermelo

达尔文/E. Darwin

道恩斯/Douenss

狄利克雷/P. G. L. Dirichlet

笛卡儿/R. Descartes

冯·诺依曼/J. von Neumann

费马/P. de Fermat

弗兰西林/Johanes Franzelin

傅里叶/J. B. J. Fourier

伽利略/Galileo

高斯/Gauss

哥白尼/N. Copernicus

哥德伯累特/C. Gutberlet

哥德尔/K. Gödel

格贝迪/Gerbaldi

哈维/William Harvery

豪斯多夫/F. Hausdorff

海涅/H. E. Heine

汉克尔/H. Hankel

胡尔维茨/A. Hurwitz

怀特海/Whitehead

霍布斯/T. Hobbes

杰拉/I. Jeiler

康士坦丁/Constantin

柯亨/Cohen

柯特/E. P. Codd

柯西/A. L. Cauchy

科恩/P. J. Cohen

克罗内克/L. Kronecker

寇尼/J. C. König

库帝拉/L. Couturat

库默尔/E. E. Kummer

莱布尼茨/G. W. Leibniz

劳伦兹·奥肯/Lorenz Oken

勒贝格/H. L. Lebesgue

黎曼/G. F. B. Riemann

利普希茨/R. O. S. Lipschitz

林德曼/C. L. F. Lindemann

刘维尔/J. Liouville

鲁道夫/Rudolf

吕洛特/J. Lüroth

洛克/Locke

马尔萨斯/T. R. Malthus

马汉/R. Thomas Mahan

马克思/Karl Max

马洛特/Marotte

牛顿/I. Newton

潘恩/T. Paine

皮卡特/Picard

皮亚诺/Peano

乔治·魏特曼·康托尔/
　　Georg Woldemar Cantor

荣根斯/Jürgens

莎士比亚/W. Shakespeare

舍恩弗利斯/Schoenflies

施罗德/E. Schroeder

施密特/E. Schmidt

史密斯/Adam Smith

舒马赫/Heinrich Schumacher

斯宾诺莎/Spinoza

斯科伦/Skolen

苏格拉底/Socrates

索菲/Sophie

托马斯·阿奎那/Thomas
　　Aquinas

瓦利·古德曼/Vally Guttmann

魏尔斯特拉斯/
　　K. T. W. Weierstrass

库默尔博查特/
　　C. W. Borchardt

西尔维斯特/Sylvester

许华兹/J. T. Schwartz

伊壁鸠鲁/Epicurus

周·道本/Goseph Dauben

朱得因/P. E. B. Jourdain

数学高端科普出版书目

数学家思想文库	
书　名	作　者
创造自主的数学研究	华罗庚著;李文林编订
做好的数学	陈省身著;张奠宙, 王善平编
埃尔朗根纲领——关于现代几何学研究的比较考察	[德]F.克莱因著;何绍庚, 郭书春译
我是怎么成为数学家的	[俄]柯尔莫戈洛夫著;姚芳, 刘岩瑜, 吴帆编译
诗魂数学家的沉思——赫尔曼·外尔论数学文化	[德]赫尔曼·外尔著;袁向东等编译
数学问题——希尔伯特在 1900 年国际数学家大会上的演讲	[德]D.希尔伯特著;李文林, 袁向东编译
数学在科学和社会中的作用	[美]冯·诺伊曼著;程钊, 王丽霞, 杨静编译
一个数学家的辩白	[英]G.H.哈代著;李文林, 戴宗铎, 高嵘编译
数学的统一性——阿蒂亚的数学观	[英]M.F.阿蒂亚著;袁向东等编译
数学的建筑	[法]布尔巴基著;胡作玄编译

数学科学文化理念传播丛书·第一辑

书　名	作　者
数学的本性	[美]莫里兹编著;朱剑英编译
无穷的玩艺——数学的探索与旅行	[匈]罗兹·佩特著;朱梧槚, 袁相碗, 郑毓信译
康托尔的无穷的数学和哲学	[美]周·道本著;郑毓信, 刘晓力编译
数学领域中的发明心理学	[法]阿达玛著;陈植荫, 肖奚安译
混沌与均衡纵横谈	梁美灵, 王则柯著
数学方法溯源	欧阳绛著
数学中的美学方法	徐本顺, 殷启正著
中国古代数学思想	孙宏安著
数学证明是怎样的一项数学活动?	萧文强著
数学中的矛盾转换法	徐利治, 郑毓信著
数学与智力游戏	倪进, 朱明书著
化归与归纳·类比·联想	史久一, 朱梧槚著

数学科学文化理念传播丛书·第二辑	
书　名	作　者
数学与教育	丁石孙,张祖贵著
数学与文化	齐民友著
数学与思维	徐利治,王前著
数学与经济	史树中著
数学与创造	张楚廷著
数学与哲学	张景中著
数学与社会	胡作玄著
走向数学丛书	
书　名	作　者
有限域及其应用	冯克勤,廖群英著
凸性	史树中著
同伦方法纵横谈	王则柯著
绳圈的数学	姜伯驹著
拉姆塞理论——入门和故事	李乔,李雨生著
复数、复函数及其应用	张顺燕著
数学模型选谈	华罗庚,王元著
极小曲面	陈维桓著
波利亚计数定理	萧文强著
椭圆曲线	颜松远著